邯郸市干线公路施工标准化指南

主　编　申文胜　许清良
副主编　边建民　徐　莆　李　理

人民交通出版社股份有限公司
China Communications Press Co.,Ltd.

内 容 提 要

为了提高邯郸市干线公路的工程质量和管理水平，促进工程施工建设的标准化、规范化、精细化，确保工程质量和安全。在公路建设中，落实“工程施工标准化”，是促进工程建设质量提高的有效手段。标准是建设活动中衡量工作、材料和产品质量高低的准则。只有建设管理标准统一、规范，才能保证管理体系有序运行；只有建设组织协调统一，才能保证合理控制建设工期；只有质量标准统一，才能保证工程质量；只有工艺、工序标准统一，才能有效控制建设过程，促进安全生产和工程质量水平迅速提升。同时，标准化的推行，还有利于实现程序化、规模化生产，全面提高生产效率；有利于优化资源配置，推动技术创新，提高公路建设科技含量。结合邯郸市干线公路的实际情况，特编写本书。

图书在版编目（CIP）数据

邯郸市干线公路施工标准化指南 / 申文胜等主编. —北京：人民交通出版社股份有限公司，2015.6
ISBN 978-7-114-12258-3

Ⅰ. ①邯… Ⅱ. ①申… Ⅲ. ①干线公路－道路施工－标准化管理－邯郸市－指南 Ⅳ. ①U415.1-62

中国版本图书馆 CIP 数据核字（2015）第 115023 号

书　　名：**邯郸市干线公路施工标准化指南**
著 作 者：申文胜　许清良
责任编辑：孙　玺　李　瑞
出版发行：人民交通出版社股份有限公司
地　　址：（100011）北京市朝阳区安定门外外馆斜街 3 号
网　　址：http://www.ccpress.com.cn
销售电话：（010）59757973
总 经 销：人民交通出版社股份有限公司发行部
经　　销：各地新华书店
印　　刷：北京市密东印刷有限公司
开　　本：880×1230　1/16
印　　张：15
字　　数：464 千
版　　次：2015 年 6 月　第 1 版
印　　次：2015 年 6 月　第 1 次印刷
书　　号：ISBN 978-7-114-12258-3
定　　价：68.00 元
（有印刷、装订质量问题的图书由本公司负责调换）

《邯郸市干线公路施工标准化指南》

编写委员会

前　言

公路是一个地区、一个城市的形象，是衡量一个地区基础环境优劣、竞争力强弱、对外开放水平高低的重要标志。推动科学发展、安全发展，建设优质、高效、安全、绿色的公路，是民心所向，更是交通运输事业发展的必然。

为深入贯彻落实交通运输部全面推行现代工程管理以人本化、专业化、标准化、信息化、工厂化，施工信息管理的现代工程管理的总体部署，提升邯郸市干线公路建设管理水平和行业文明施工形象，确保工程质量和安全，邯郸市交通运输局公路工程管理处组织编写了《邯郸市干线公路施工标准化指南》。

本指南是在现行的公路工程设计、施工、质量检验等相关规范标准的基础上，根据河北省内外干线公路建设实践中积累的宝贵经验，针对现代工程管理的新形势，提出一些新观点、新要求、新做法，并对施工、监理、管理等组织行为提出了具体要求。本指南从一般规定、施工工序、施工要点、质量要求、质量问题和保证措施、安全管理等方面提出了明确的要求，能更有效地消除质量问题，提高项目标准化管理水平，逐步实现项目的全过程管理，确保公路工程质量。

本指南分为工地建设标准化、路基工程施工标准化、工程管理标准化、施工安全标准化、施工环保标准化、路面工程施工标准化、桥梁工程施工标准化、交通安全设施施工标准化、绿化工程施工标准化九个部分。

编者

2015 年 4 月

目　　录

第一部分　工地建设标准化

第二部分　路基工程施工标准化

第三部分　工程管理标准化

第四部分　施工安全标准化

第五部分　施工环保标准化

第六部分 路面工程施工标准化

第七部分 桥梁工程施工标准化

第八部分 交通安全设施施工标准化

第九部分　绿化工程施工标准化

第一部分　工地建设标准化

1 总　　则

1.1 目的及适用范围

1.1.1 目的

为了规范邯郸市干线公路工地标准化建设，创造优质、高效、安全、环保的作业环境，实现集约化、工厂化生产，提高施工管理效率，促进邯郸市干线公路施工质量再上一个新台阶，在国家现行有关标准、规范的基础上编写本指南。

1.1.2 适用范围

本指南适用于邯郸市干线公路工程的施工及监理。

1.2 编制依据

1.2.1 国家及交通运输主管部门发布的与工地建设、公路工程施工有关的法律法规及相关文件、标准、规范、规程和指南。

1.2.2 《关于开展高速公路施工标准化活动的通知》（交公路发〔2011〕70 号）。

1.2.3 《公路工程质量检验评定标准　第一册　土建工程》（JTG F80/1—2004）。

1.2.4 《公路工程施工安全管理手册》。

1.2.5 《公路工程施工监理规范》（JTG G10—2006）。

1.2.6 《河北省高速公路施工标准化管理指南》。

1.3 主要内容

本指南共分 3 章，分别为总则、驻地建设、施工场站建设。

2 驻 地 建 设

2.1 驻地选址

2.1.1 满足安全、实用、环保的要求，以工作方便为原则，具备便利的交通条件和通电、通水、通信条件。

2.1.2 用地合法，周围无塌方、滑坡、落石、泥石流、洪涝等自然灾害隐患，无高频、高压电源及其他污染源。

2.1.3 不得占用规划的取、弃土场。

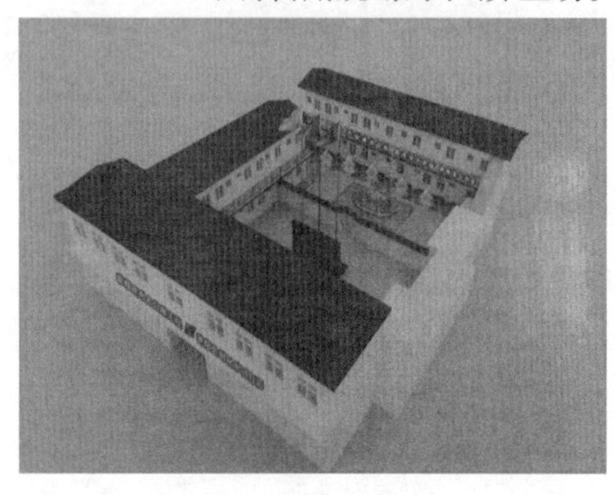

图 1-2-1 项目部

2.2 场地建设

2.2.1 办公、生活用房尽量租用沿线现有房屋，房屋应坚固、安全、实用，并满足工作、生活需求；若无合适的现有房屋，可自建活动板房，红顶白墙，建设须选用阻燃材料，如图 1-2-1 所示。

2.2.2 办公、生活区应为独立式庭院，四周设有围墙，有固定出入口，出入口设置保卫人员。

2.2.3 办公、生活用房建筑面积和场地面积，应满足办公和生活需要。

2.2.4 办公区、生活区及车辆、机具停放区等布局应科学合理，区内场地及主要道路应做硬化处理，排水设施完善，庭院适当绿化，环境优美整洁，生活、生产污水和垃圾应集中收集处理。

2.2.5 道路两侧设置砖砌盖板排水沟，排水沟横断面尺寸为 20cm × 20cm，纵向设置 1.5% 的排水坡度。

2.3 硬件设施建设

2.3.1 部室种类

各单位驻地办公用房需结合人员机构设置。

2.3.2 部室面积

各单位驻地办公用房面积应满足办公需要，会议室面积不少于 60m^2。

2.3.3 各室功能

驻地办公用房，应实用、美观、隔热、通风、防潮，各室应保证通风、照明良好，并设有防暑、降温、取暖设备。

(1) 办公室须满足项目信息化管理要求，配备必要的信息化硬件设施。

(2) 会议室需配备必要的会议桌、椅子、写字板、多媒体等常用会议设施，如图 1-2-2 所示。

图 1-2-2 会议室

(3)档案室所有档案资料由专人负责管理,宜保存在专用档案柜或档案架,分门别类,做好标识,归档的档案样式应统一。

2.3.4　各单位驻地生活用房标准

驻地生活用房建设,应体现以人为本的理念,应设宿舍、食堂、浴室、厕所等,具备条件的还应设文体活动室、活动场地、医疗室等。

(1)职工宿舍内门窗设置齐全,室内通风、照明良好,地面应硬化、防潮,夏季有消暑、防蚊虫叮咬措施,冬季有采暖措施,如图1-2-3所示。

图1-2-3　职工宿舍

宿舍内严禁使用通铺,保证每人单铺,单铺不得超过2层,个人物品摆放整齐。

室内严禁存放易燃、易爆物品,严禁乱拉电线、生火做饭和使用大功率电器设备。

(2)食堂须设置在离厕所、垃圾站及有害物质场所不小于20m以外的位置,与办公、生活用房距离不小于10m,内设置独立的制作间、储藏间,并配有消毒设备,地面做硬化和防滑处理,配备纱门、纱窗、纱罩等,餐厅面积不低于40m^2。

2.4　项目部驻地建设

2.4.1　项目部驻地选址宜在主线两侧垂直距离2km内,应考虑交通、通信、工作、医疗、生活便利等条件,并满足以下要求:避开塌方、高压线和取、弃土场等地段。

2.4.2　驻地庭院布局应采用封闭式管理,办公区、停车区、生活区等应布局合理,符合"消防、安全、卫生、环保"的要求。停车位画线标示,应摆放垃圾箱并及时清理;应设置通畅的排水系统,排水沟加盖板,并排放至指定位置。

2.4.3　在驻地设置项目工程简介、管理制度等公示栏、宣传橱窗。

2.4.4　在项目经理部大门口或庭院内醒目位置应设置项目部名称不锈钢公示牌,白牌黑字,规格:200cm(长)×30cm(宽)。

2.4.5　在进入项目经理部路口两侧各150m处明显位置设指路牌,指路牌采用铝板制作,蓝底白字、白箭头,规格:250cm(长)×170cm(高)。

2.4.6　驻地标志牌设置标准参考附表1,标志牌、桌牌、工作牌的设置标准参考附图1~附图14。

2.5　监理驻地建设

2.5.1　监理驻地选址宜在所管辖各施工标段的中间地段附近,距主线两侧水平距离2km内。

2.5.2　严禁监理驻地和项目部驻地合建。

2.6　工地试验室建设

2.6.1　部室设置

(1)工地试验室包括监理单位试验室和施工单位试验室,主要科室设置如图1-2-4所示。

(2)试验室面积要求:标准养护室、土工室、集料室、样品室、化学室、水泥室、水泥混凝土室、沥青原材料室、沥青混合料室、力学室等,总面积不小于200m^2,标准养护室面积不小于40m^2。

2.6.2　试验室布置

(1)试验室房屋必须坚固、安全、耐用,室内地面要用水泥混凝土(或砂浆、瓷砖等)硬化;分区功能合理,相互独立,有效隔离,保证试验时互不干扰。

①试验室操作平台应稳固、整齐，瓷砖镶面，高度宜为 70 ~ 90cm，台面仪器摆放合理、有序，如图 1-2-5 所示。

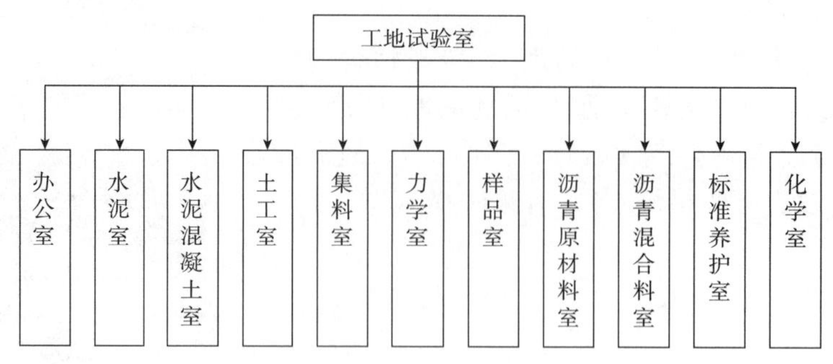

图 1-2-4 试验室组织机构框图

②试验室电线，应统一用线槽或暗埋敷设，每台用电仪器设备应单独配置空气开关。

③标准养护室，必须保温、隔热，室内必须设置养护试件支架和自动喷淋养生设备，地面应设置横坡，便于排水。养护架顶宜用防水材料等遮住，避免自动喷淋水直接喷淋试件表面。

④力学仪器应安装在高度不低于 20cm 的混凝土底座上。

⑤样品室配备样品柜(架)，分类存放，标识清楚。储存环境安全，措施齐全，做到防火、防腐、防鼠、防潮、通风，卫生良好。应设置样品取样、试验台账。

⑥化学药品要存放在专用橱柜内，须根据化学性质分类存放，易燃、易爆、剧毒、强腐蚀品应设专区存放，做到双人双锁双控管理，并建立化学药品出入库台账。

⑦每台试验仪器应设置台账，随时记录仪器使用、维修、保养等情况。

⑧室外应设置试验后的样品存放区，并进行有效标识。存放期应不短于 3 个月，便于样品溯源。保存期满后，对样品进行合理处理，不得乱弃。

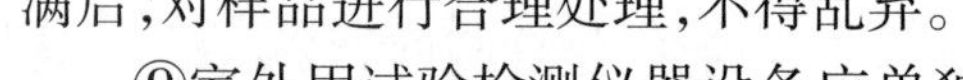

⑨室外用试验检测仪器设备应单独存放在现场仪器室。应设置现场检测仪器管理使用台账。

(2)试验室上墙内容。

①临时试验室资质证书。

②试验室职责。

③试验室安全工作制度。

④试验室主任、技术负责人、试验室质量负责人职责。

⑤各试验设备的对应操作规程。

⑥试验检测流程图。

⑦试验室组织机构框图。

图 1-2-5 试验室

2.6.3 试验资料管理

(1)工地试验室的档案资料应有专人负责管理，各种试验资料须记录完整、真实有效，严禁造假。

(2)试验检测原始数据，应记录在统一印制的原始记录本上，原始记录统一用碳素笔填写，应做到填写规范、字迹清晰。原始数据不得转抄或涂改，当记录或书写错误需更正时，应采用正确的“画改”方式，并在旁边填上正确数据，同时加盖刻有试验人员姓名的印章或有试验人员的签名。

(3)建立完整的原材料进场检验、标准试验、现场抽样试验、工艺试验、验收试验、外委试验、检测不合格报告和试验检测报告汇总等台账。

(4)试验资料归档应分类明确、整齐有序、条目清晰。出具的各类试验报告、施工配料单等资料应及时完成签认，规范归档。签字不齐全，记录或报告不完整的资料不得归档。

2.6.4　其他要求

(1)仪器设备安装完成,需经地方计量认证部门对各类检测设备进行标定。

(2)建立、健全各项工作制度和管理制度。

(3)收集齐全项目所需的现行有效的试验检测规范、规程和相关标准,并编辑目录清单。

(4)试验人员作业前,应按设备的操作规程进行检查;作业中,应严格遵守劳动纪律、执行操作规程和有关的安全管理制度;作业后,及时做好设备的使用、维护、保养记录。

(5)对要求在特定环境下储存的样品,严格控制环境条件。

(6)试验室室内环境,应保持整洁卫生;试验废弃原材料回收或存放,须符合环保要求;对电磁干扰、灰尘、振动、电源电压等须严格控制,对发生较大噪声的检测项目,须采取隔离措施。

(7)配备发电机组,保证试验检测工作正常、连续。试验室电路须为独立专用线,在总闸及力学室、标准养护室须安装漏电保护器。

(8)根据项目混凝土工程量,建立报废混凝土试块堆放场地。

3 施工场站建设

3.1 一般规定

3.1.1 施工场站建设，一般包括拌和站、钢筋加工场、预制场、施工材料存放场等。

3.1.2 公路建设应推行集约化管理，工厂化生产，实现“三个集中”，即混凝土集中拌制，钢筋集中加工，混凝土构件集中预制，充分发挥集约化施工的优势。

项目招标前，建设单位应充分考虑集约化施工生产的要求，统筹规划，将具备多个合同段集中生产的工程集中招标。对不具备多个合同段集中生产的工程，应尽量要求在单个合同段实行集约化施工生产。

路基排水工程的排水沟盖板、防护工程预制块、隧道路基边沟盖板及其他设计要求的小型预制构件应集中预制，集中管理，统一工艺。

3.1.3 施工材料存放，应与拌和站、钢筋加工场、预制场等场地配套建设。施工单位进场后，应根据实际需要进行施工材料存放的选址与规划，明确其设置规模及位置等，建设完毕后，应对其报检并取得上级部门认可。

3.1.4 场站临时用电，应符合《施工现场临时用电安全技术规范》(JGJ 46—2005)的有关规定。

3.1.5 场站消防设施，应满足《建设工程施工现场消防安全技术规范》(GB 50720—2011)的规定，配置相应的消防安全标识和消防安全器材，并经常检查、维护、保养。

3.1.6 在场站内适当位置安装监控设备并经监理验收，监控记录场站的进出车辆情况、拌和站的进出料情况等。

3.1.7 场站建设标志牌设置标准参考附表2。

3.2 料场及库房

3.2.1 料场建设

1)一般规定

(1)施工材料存放场设置地点，须尽量靠近使用地点，确保运输及卸料方便。

(2)各种材料应分区存放，堆放场地须进行混凝土硬化，混凝土强度不低于C20，厚度不小于15cm，存放场应留有足够宽度的通道，便于装运。

(3)场地硬化按照分区设置排水横坡，防止雨水冲刷集料。

(4)材料存放场应做到整齐干净，无砖瓦块、钢筋头等杂物，各种材料的堆放应做到一头齐，一条线。

(5)预制构件的堆放位置应考虑吊装顺序，力求直接装卸就位。

(6)贵重物资、装备器材，应存入库内。

2)砂、石料存放

(1)砂、石料场必须设防雨棚，防雨棚采用彩钢板搭设，跨度不得超过20m，须采用防风抗压措施进行加固，高度满足机械设备操作空间。

(2)用于实体工程的砂、石料应分不同粒径、不同品种分仓存放，不得混堆或交叉堆放。料场应采用不小于30cm厚的混凝土墙体等构造物(含地埋高度不小于2m)隔开，采用双墙间隙隔离措施，双墙间隔50cm，必须确保各个料仓间不串料，场内地面应设坡度，确保不积水。

(3)砂、石料应按规定进行材料的质量检验状态标识,标识包括材料名称、产地、规格、数量、进料时间、检验状态等。

3)半成品、成品存放

(1)存放场地应通风良好,有条件时宜搭设专业存储棚库,如图1-3-1所示的钢材存放场。

(2)材料储存时,应按使用、安装次序进行分类、分批存放,并按规定做好标识,小件(散件)材料及配件宜存放于箱、盒内。

(3)金属、木材及构配件等的底部,应按规定垫高,并避免与酸碱等腐蚀性物质接触。

(4)易滑落的材料应捆绑牢固,堆放有序。

(5)支座、锚具等主要成品材料,应在室内存放。

(6)防水卷材及土工材料等,应避免雨淋、日晒、受潮,注意通风,远离热源。

图1-3-1　钢材存放

4)周转料具、大模板存放

周转料具的存放,应随拆、随整、随保养,码放整齐。大模板存放时,应有可靠的防倾倒措施,不得靠在其他模板或物件上。

3.2.2　库房存放

1)一般要求

(1)库房应选择合理的地点设置,方便使用,并满足安全要求。

(2)库房道路及库房地面须做硬化处理。

(3)易燃易爆物品的仓库,必须远离施工现场、居民区,并设明显标识和围挡设施。

(4)袋装水泥库要建在通风条件好且不受风雨侵蚀的地方,库房四周应开挖边沟。

(5)混凝土外加剂入库分类存放,并挂标识牌。

2)存放要求

(1)施工现场的爆炸物品储存、运输、使用,必须符合《民用爆炸物品安全管理条例》(国务院令第466号)的规定。

(2)库房要保持清洁整齐,做到设备无锈蚀,地面无油迹。

(3)氧气瓶、乙炔瓶分开、隔离存放,间距不小于5m,通风良好,悬挂安全标志。

(4)在库房醒目位置设置平面布置图公示牌、重大危险源警示牌、值班人员公示牌等标志标牌。

(5)油库距生活区距离不小于50m,油罐不得露天存放。不同油品不得混放,夏季轻质油料的油罐必须有降温措施。

(6)值班室必须设在库外。设专职值班人员,24h不间断看护。

(7)易燃易爆物品存放具体要求参照本书第四部分施工安全标准化中危险品存放相关规定。

(8)配备齐备的消防设施及标志。

3.2.3　水洗碎石

1)场地准备

场地应用不小于15cm厚度(场区道路不小于20cm)的C20混凝土做硬化处理,场内排水按照中间高四周低的原则预设1.5%的排水坡度,四周设置排水沟。水洗设备位置设置,应充分考虑碎石材料的倒运便利。

场地周围应设置排水沟,汇集冲洗污水入二级沉淀池,有效防止污水四处漫流,循环利用水资源。

2)设备要求

水洗设备的总生产能力应满足实际生产要求。

3)砂石料场存放布置

砂石料场存放布置,如图 1-3-2 所示。

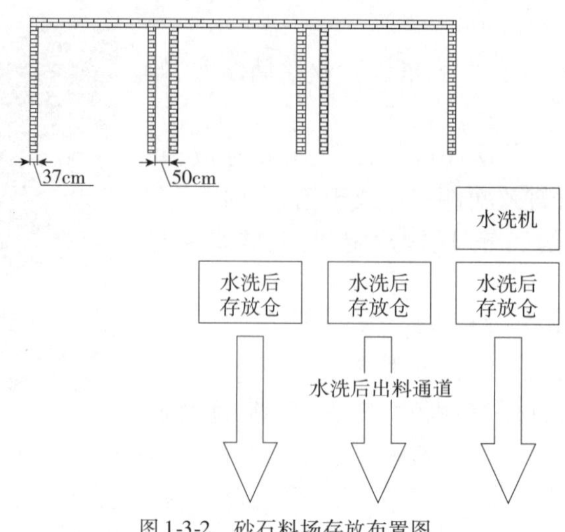

图 1-3-2 砂石料场存放布置图

4)水洗碎石质量检查与管理

(1)水洗后碎石含泥量检测满足要求。

(2)堆放与保管。碎石水洗后应堆放在已硬化的干净场地上,场地需具有排水功能;粗集料存放必须分层堆放,层高不超过 1.2m。水洗后的碎石必须入棚存放,不得造成再次污染。

3.3 沥青混凝土拌和站

3.3.1 场地选址

(1)沥青混凝土拌和站(图 1-3-3)尽量靠近沥青路面工程施工部位,水平距离不超过 5km,减少沥青混合料的运输距离。

图 1-3-3 沥青混凝土拌和站

(2)沥青混凝土拌和站用地,须空旷、干燥、交通便利,并远离工厂、居民区。

(3)沥青混凝土拌和站,应规避低洼水田、软土地基、排水不良区域。

3.3.2 场地布置

(1)沥青混凝土拌和站面积根据拌和站规模确定,一般不小于 20 000m^2,且必须满足材料存放的需要。

(2)厂区内规划布置应科学、合理,符合国家有关环境保护、消防、安全等规定。拌和站的办公区、生活区应同其他区用砖墙等隔离开。

(3)拌和站必须设避雷针,数量应覆盖整个拌和站。

3.3.3 场地建设

(1)拌和站应修建围墙封闭;场地必须使用强度等级大于或等于 C20 的混凝土全部硬化,厚度不小于 20cm;进出拌和站便道采用 20cm 厚的 C25 混凝土硬化。

(2)拌和站场地内应设排水系统,分隔仓内须纵向每隔 5 ~ 10m,横向每隔 15 ~ 20m 设盲沟,坡度不小于 0.5%,盲沟应与场地排水明沟相连,在堆料仓前后应设置排水明沟,保持排水通畅,场地内不允许积水。

(3)主楼作业平台、冷料仓、沥青罐等涉及人身安全的部位,均应设置安全防护装置;传动系统裸露的部位应有防护装置和安全检修保护装置。

(4)拌和场地内,应设有安全防护措施,配备消防设备。

3.3.4 拌和设备

(1)拌和机应用计算机系统控制全部生产过程,并且装有"黑匣子",在生产过程中应能逐盘采集并打印出每盘混合料的详细参数(材料用量、沥青用量、拌和温度等)。每天拌和结束后,应根据打印记录对沥青混合料的生产质量及铺筑厚度进行总量检验。

(2)拌和站冷料仓不宜少于5个,并与配合比中集料种类相匹配。热料仓不宜少于5个,应具有添加纤维、消石灰等外掺剂的设备。

(3)配备足够数量的沥青储存罐,具备250t以上的沥青储存能力,其中存放改性沥青的沥青罐应安装有强制搅拌装置。

3.3.5 材料存放

(1)在拌和机的冷料仓、传送带上方,应建防雨顶棚,防止受潮,高度应满足机械设备操作空间,并具有控制扬尘的效果。

(2)木质纤维、外掺剂等集中存放在库房内,库房采用彩钢板搭设,高度、面积必须满足堆放数量的要求,下部铺设木板,高度为离地面30cm。

3.4 水泥混凝土拌和站

3.4.1 一般要求

水泥混凝土拌和站(图1-3-4)选址除应符合一般规定外,还应根据合同段的主要构造物分布、预制厂位置、运输条件、通电和通水条件等特点综合选址,尽量靠近主体工程施工部位,做到运输便利、经济合理,并远离生活区、居民区,尽量设在生活区、居民区的下风向。

图1-3-4 水泥混凝土拌和站

(1)一个标段原则上可根据混凝土工程量、地形、施工便道及混凝土运输距离设一个(两套拌和设备)或多个大(中)型拌和站。

(2)施工单位应在规定时间内完成拌和站建设,建设内容包括围墙,排水系统,水、电、场区内道路、场地、功能分区及拌和楼等。

(3)拌和设备的拌和能力必须满足施工需要,保证在施工高峰期拌和料不间断供应。应配备足够的水泥混凝土搅拌运输车等机械设备。

(4)每个标段所有用于桥涵工程的水泥混凝土,必须采用具有自动计量功能的拌和设备集中拌和。严禁使用小型拌和设备生产水泥混凝土。

(5)拌和站由项目部直接管理,不得分包、转包给其他单位或个人。

(6)拌和站所有的安装设备,必须设置强度等级不低于C30的水泥混凝土基座,保证安装设备稳定、牢固;必要时采取桩基础或扩大基础基座,以及设风缆拉绳等防倾覆措施。

3.4.2 场地建设

1)封闭式管理

拌和站应根据工程实际情况集中布置,采用封闭式管理,四周设置围墙,入口设置彩门和值班室。

2)合理分区

拌和站建设,应综合考虑施工生产情况,合理划分拌和作业区、材料计量区、材料库、运输车辆停放区、试验区、集料堆放区及生活区,内设洗车池(洗车台)、污水沉淀池和排水系统。生活区应与其他区隔离,生活用房按照本部分第2章“驻地建设”相关标准进行建设。

3)场地面积

拌和站场地面积、拌和设备配置及产能,应满足生产、施工需求和工程进度要求。

4)场地硬化

场内路面宜做硬化处理,主要运输道路应采用不小于20cm厚的C20混凝土硬化,基础不好的道路应增设20cm厚的水泥稳定碎石基层。场内排水应按照中间高四周低的原则预设不小于1.5%的排水坡度,四周宜设置砖砌排水沟。

5)罐体放置

拌和站各罐体宜连接成整体,安装缆风绳和避雷设施,每一个罐体应喷涂成统一颜色,并标上项目名称及施工单位简称,两者竖向平行绘制,颜色(采用白底蓝字)、字体醒目。

6)拌和设备要求

(1)水泥混凝土拌和,应采用强制式拌和机。拌和设备应采用质量法自动计量,水、外掺剂计量应采用全自动电子称量法计量,禁止采用流量或人工计量方式,保证工作的连续性、自动性,且具备电脑控制及打印功能。减水剂罐体应加设循环搅拌水泵。

(2)拌和站计量设备,应通过当地权威部门标定后方可投入生产,使用过程中应不定期进行复检,确保计量准确。

3.4.3　其他要求

(1)作业平台、储料仓、集料仓、水泥罐等涉及人身安全的部位均应设置安全防护装置。传动系统裸露的部位应有防护装置和安全检修保护装置。

(2)专人定期进行拌和站的清理和打扫,保持拌和站内卫生。每次拌和作业完成后,应及时清洗机具,清理现场,做到场地整洁。

(3)应根据需要设置机动车辆、设备冲洗设施,排水沟及沉淀池,施工污水处理达标后方可排入市政污水管网或河流。

(4)砂石料各料仓应搭设防雨棚。砂石料场底部、上料台、上料输送带下部应经常清理废料并保持清洁,严禁装载机铲料时铲底。地面应定期洒水,对粉尘源进行覆盖遮挡。

(5)水泥、粉煤灰等材料进料时,应保证材料罐顶的密封性能,预留通气孔应设有降尘措施。

3.5　水泥稳定碎石(级配碎石)拌和站

水泥稳定碎石拌和站参照水泥混凝土拌和站的相关规定执行。

3.6　钢筋加工场

3.6.1　一般要求

钢筋加工场选址,除应符合一般规定外,还应根据本合同段的主要构造运输条件、钢筋加工量等特点综合选址,做到运输便利、经济合理。

钢材应按不同钢种、等级、牌号、规格及生产厂家分类存放在仓库或防雨棚内,并挂牌标识。存放场地应做硬化处理,并垫高不小于50cm,严禁与潮湿地面接触,不得与酸、盐、油类等物堆放在一起。

3.6.2　场地建设

(1)钢筋加工场,应采用封闭式管理,场地内应按原材料堆放区、钢筋下料区、加工制作区、半成品堆放区、成品待检区、合格成品区、废料处理区等科学合理设置,功能明确,标识清晰。

(2)场地面积,应根据钢筋(材)加工量的大小、工期等要求设置。

(3)钢筋加工场架构宜采用钢结构搭设,顶部采用固定式拱形防雨棚,跨度与高度应满足加工设备操作空间，并设置避雷及防风的保护措施。

(4)个别桥梁、涵洞受地形、运输条件限制，场地可视实际情况采用简易钢筋棚，简易钢筋棚面积应满足生产、施工需求。

(5)钢筋加工机械设备，应满足工程质量和进度需要，并符合以下要求：

①机械设备应根据加工工艺的流水线要求合理布设，做到作业“无缝化”。

②钢筋吊移宜采用门式起重机等专用吊装设备，设备应证照齐全、检验合格。

③金属加工机械(如卷扬机等)工作台，应稳固可靠，防止受力倾斜。

④箍筋、弯起钢筋等采用数控设备加工。

(6)在加工制作区，应悬挂各种型号钢筋的大样设计图，标明尺寸，并制作标准样品确保钢筋下料及加工准确。

3.6.3　其他要求

(1)场内应设置照明(含应急照明)设施，照明电路与工作用电电路分开。电路(铺架)铺设应科学、合理，电路宜沿防雨棚的两侧设置，严禁乱拉、随地放置。

(2)各种气瓶应有标准色，气瓶使用或存放应符合要求，应有防振圈和防护帽。

(3)焊接、切割场所，应设置禁止标志、警告标志，使用氧气、乙炔等易燃易爆气体的场所应设置禁止标志和明示标志。

(4)加工剩余的短小材料及废料应合理回收，充分利用。

3.7　预制梁场

3.7.1　一般要求

预制梁场的选址除满足一般要求外，还应满足以下要求：

(1)原则上不宜设在主线征地范围内，若确实存在用地困难等特殊情况需要将预制场设于主线征地范围内时，应报项目建设单位审批。

(2)预制场应合理划分和布设办公生活区、制梁区、存梁区、加工区等。办公生活区和其他场区要用砖墙等隔离。

(3)预制场规模必须满足工程实际需要，应根据预制梁板总量、预制工期和每个台座周转次数确定台座最少数量；模板(边梁模板、中梁模板、芯模)数量要与台座数量匹配。

3.7.2　预制梁场地建设

(1)预制梁场地建设前，施工单位应将梁场布置方案报监理工程师审批。

(2)预制梁场，应采用封闭式管理，生活用房按照“驻地建设”章节相关标准建设。

(3)场内路面应做硬化处理，主要运输道路采用不小于20cm厚的C20混凝土硬化，基础不好的道路应增设20cm厚的水泥稳定碎石基层。场内设排水设施。

(4)预制梁板钢筋骨架统一采用定位胎膜进行加工，并设置高强度砂浆垫块确保钢筋保护层厚度。

(5)设置自动喷淋养生设备，预制梁板采用土工布包裹喷淋养生，养生水应循环使用。喷淋水压加压泵能保证提供足够的水压，确保梁板的每个部位均能养护到位，尤其是翼缘板底面及横隔板部位，如图1-3-5所示。

图1-3-5　自动喷淋养生

(6)有条件的单位建议采用蒸汽养生。

3.7.3 台座布设

(1)预制梁板的台座强度应满足张拉要求,台座尽量设置于地质较好的地基上。为防止发生张拉台座不均匀沉降、开裂事故,影响预制梁板的质量,先张法施工的张拉台座不得采用重力式台座,须采用钢筋混凝土框架式台座。

(2)底模采用厚度不低于 5mm 的 8 ~ 10m 冷轧钢板。不得采用水泥混凝土底模,推荐使用不锈钢底模板。

(3)存梁区台座,水泥混凝土强度等级不低于 C25,台座尺寸应满足使用要求。出现不良地基时采取换填等处理措施。

(4)在使用过程中,监理和施工单位定期对台座进行复测检查,并建立观测数据档案,分析台座沉降情况,发现异常应及时处理。

(5)梁板预制完成后,移梁前对梁板喷涂统一标识和编号,标识内容包括:预制时间、张拉时间、施工单位、梁体编号、部位名称等。

(6)空心板、箱梁最多存放层数,应符合设计文件和相关技术规范的要求。设计文件无规定时,空心板叠层不得超过 3 层,T 梁、箱梁堆叠存放不超过 2 层。

3.7.4 其他要求

(1)对同一等级干线公路的桥涵等构造物,应进行标准化设计,促使预制梁等构件商品化、工厂化,实现规模经济与规模效益。

(2)应采用数控张拉与智能压浆技术。

3.8 小型构件预制场

3.8.1 一般要求

小型构建预制场选址,除应符合一般规定外,还应以方便、合理、安全、经济及满足工期为原则,结合合同段工程量及运输条件综合选址,如图 1-3-6 所示。

图 1-3-6 小型构件预制场

(1)为便于集中管理,统一工艺,原则上小型构件采用集中预制。

(2)应根据预制总量、型号、预制工期等确定小型构件预制场规模,同时必须满足工程需要。

(3)模具采用钢模、高强塑料等模具,并应定期检查,不合格的及时更换。中央分隔带混凝土护栏及其超高段横向排水口预留孔必须采用定型钢模板。

(4)采用自动喷淋养生系统加盖土工布覆盖养生,并保证养生期不小于 7d。

(5)成品按不同规格分层码放,并规范标识;严格控制码放高度,层间必须用土工布隔离。养生期内预制件不得进行堆码存放,以防损伤;运输过程中应轻拿轻放,防止缺边掉角。

(6)配备具有自动计量装置的拌和设备(尽量与既有拌和站一起设置),每条生产线必须设置振动台。

3.8.2 场地建设

(1)采用封闭式管理,场地内按构件生产区、存放区、养护区、废料处理区等科学合理设置,功能明确,标识清晰。

(2)预制场的建设规模结合小型构件预制数量和预制工期等参数来规划,场地面积一般不小于 2 000m^2。

(3)场内路面须做硬化处理,主要运输道路应采用不小于20cm厚的C20混凝土硬化,基础不好的道路应增设20cm厚的水泥稳定碎石基层。场内设排水设施。

(4)生产区根据合同段设计图纸确定的预制构件的种类设置生产线。

3.8.3　其他要求

(1)小型构件模板为钢模板的采用振动棒施工,模板为高强塑料模板的采用振动台施工。

(2)模板使用钢模板或高强度塑料模板,入模前应进行拼缝检查,对拼缝达不到要求的不得使用。并应选用优质脱模剂,保证混凝土外观。在周转间隙须有覆盖措施,防止雨淋、生锈、被污染。

3.9　施工便道

3.9.1　一般要求

施工现场的道路应保证通畅,并与现场的存放场、仓库、施工设备等位置相协调,满足施工车辆的行车要求。

避免与既有铁路平面交叉。便道不可占用路基,特殊地段必要时可考虑短期占用路基,但应采取短期临时过渡性措施,尽量缓解干扰。

3.9.2　建设标准

1)宽度

(1)要求便道宽度不小于4m,施工便道如图1-3-7所示。

(2)特殊地段可适当降低宽度要求增加会车台处理,但不得低于3m。

(3)在临壑地段,应适当加宽路面,以确保行车安全。

(4)在需要设置会车台的路段按照每500m设置一处,会车台处路段宽度不得小于6m,长度不得小于15m,且应有明显标识。

图1-3-7　施工便道

2)坡度

一般情况下不得大于5%,极困难条件下不得大于10%。

3)转弯半径

一般情况下不得小于20m,极困难条件下不得小于15m。

4)路基

新建路基必须经过分层碾压,以满足施工车辆运输要求。对于特殊地段,务必进行换填或加固处理。

5)路面

一般地段按照天然砂砾、钢渣或建筑垃圾等进行路面处理。在与省道连接处和各分部驻地门口宜采用水泥混凝土路面,以防止车辆进入省道或项目部污染道路及场地。

6)挡墙

靠近沟壑一侧,必须修建挡墙工程,包括挡土墙(填方段)和防撞墩,防撞墩应采用水泥混凝土浇筑,黄黑色油漆竖向标识(黄黑间距25cm),在挖方段靠近易滑坡体侧应设置浆砌片石挡墙,墙高度不小于1m,墙面勾缝。

7)排水沟

排水沟根据地形设置,宽度和深度不小于50cm,根据地形每100m左右将排水沟中水流通过路面下暗沟引至沟壑一侧排走。引入沟壑时注意水土保持,不得冲刷当地农田,暗沟可采用埋设水泥混凝土预制管的方法通过路面。

8)便桥

(1)便桥设计荷载必须满足运输要求,桥面采用水泥混凝土桥面,桥面两侧设1m高护栏,采用黄黑色油漆竖向标识(黄黑间距25cm)。便桥施工必须先行上报设计及施工方案。

(2)便桥结构按照实际情况专门设计,应满足排洪要求,便桥桥面宽度不小于3m。

(3)为防止水流冲刷,桥台上游回填部分要有防护措施。

(4)桥面高度不低于上年最高洪水位。

(5)便道、便桥应执行“设计→审批→施工→验收→使用”的程序。

9)标识

便道全程必须悬挂或设立警示、指示标志,标识标志包括:转弯警示、急坡警示、落石警示、会车台指示、桥梁指示、整里程标识、分叉路口指示、工地驻地指示及限高、限重、限速标志牌等。

3.9.3 养护

为保证施工便道的正常使用,各项目部要组织专门的养护队伍,配备必要的机械、工具和材料,对施工便道进行养护,在便道两侧每隔一段距离堆放一定数量的砂砾用于填补坑洼,保证路况完好,确保无坑洼、无落石,排水通畅。

附表　标志牌设置标准

附表1　驻地标志牌设置标准

序号	名　称	尺寸(cm×cm)	材　质	颜色	内　　容	备　注
1	工程公示牌	300×150	铝板、角钢骨架	蓝底白字	项目名称、工程概况、建设单位、起止桩号、设计单位、主要工程量、监理单位、总监理工程师、驻地监理工程师、施工单位、项目经理等信息	
2	宣传牌	300×150	PVC板、金属框	蓝底白字	安全生产、文明施工、质量管理、廉政建设、七公开内容	不锈钢立柱遮阳棚
3	标准化宣传牌	300×150	PVC板、金属框	蓝底白字	标准化建设知识问答	不锈钢立柱遮阳棚
4	标准化宣传牌	300×150	PVC板、金属框	蓝底白字	标准化建设与标准化管理	不锈钢立柱遮阳棚
5	标准化宣传牌	300×150	PVC板、金属框	蓝底白字	工地标准化建设摄影及交通信息	不锈钢立柱遮阳棚
6	岗位责任制	70×50	双层PVC板	蓝底白字		
7	管理制度	70×50	双层PVC板	蓝底白字		
8	部室职责	70×50	双层PVC板	蓝底白字		
9	危险源分布图	70×50	双层PVC板	蓝底白字		
10	流程图	70×50	双层PVC板	蓝底白字		
11	质量保证体系	70×50	双层PVC板	蓝底白字		
12	形象进度图	120×230	PVC板、塑料框	蓝底白字		
13	标段平面图	120×230	PVC板、塑料框	蓝底白字		
14	标段纵断图	120×230	PVC板、塑料框	蓝底白字		
15	组织机构图	70×50	PVC板、塑料框	蓝底白字		
16	晴雨表	70×50	PVC板、塑料框	蓝底白字		

标注:“七公开内容”指公路发展规划、建设计划公开,公路建设资金补助政策公开,招标过程公开,施工过程管理公开,质量监督公开、竣工验收公开,资金使用公开。

附表2　场站标志牌设置标准

序号	名　称	尺寸(cm×cm)	材　质	颜色	内　　容	备　注
1	工程公示牌	300×150	不锈钢板、角钢骨架	蓝底白字	项目名称、工程概况、建设单位、起止桩号、设计单位、主要工程量、监理单位、总监理工程师、驻地监理工程师、施工单位、项目经理等信息	
2	场地平面布置图	300×150	铁皮	蓝底白字		
3	配合比标牌	150×100	铁皮	白底红字	拌和料配合比、技术负责人、试验负责人、监理负责人、拌和站负责人	
4	宣传牌	300×150	不锈钢板、角钢骨架	蓝底白字	安全生产、文明施工、质量管理、消防明示、七公开内容	不锈钢立柱遮阳棚
5	安全操作规程	150×100	铁皮	蓝底白字		
6	设备标识牌	150×100	铁皮	蓝底白字	设备名称、编号、规格型号、操作人、负责人、状态等	粘贴
7	危险源公示牌	150×100	铁皮	蓝底白字	危险源分布位置	
8	值班人员公示牌	150×100	铁皮	蓝底白字	值班人,值班内容、时间等	
9	材料标示牌	150×100	铁皮	白底红字	名称、产地、规格、型号、检验状态、使用部位等	
10	材料分区标志牌	30×60	铁皮	蓝底白字	材料名称	
11	操作规程	150×100	铁皮	蓝底白字		
12	梁板标识	60×40	喷涂	红字	编号、浇筑日期、张拉、压浆日期、千斤顶编号等	

附图　标志牌、桌牌、工作牌的设置标准

×××公路工程概况标志牌			
工程名称		起 止 桩 号	
建设单位		法 人 代 表	
监理单位		驻地工程师	
设计单位		法 人 代 表	
施工单位		法 人 代 表	
开工日期		竣 工 日 期	
工程概况：			

要求：1. 规格：3 000mm×1 500mm，脚高 1 800mm。
　　2. 材料：铝板、角钢骨架，钢管立柱不小于 ϕ50mm。
　　3. 颜色：蓝底白字。
　　4. 备注：立柱埋入地面 500mm 并浇筑混凝土基础。

附图 1　工程概况标志牌

×××公路第×合同段 路基施工标志牌			
桩　　号		工 程 规 模	
开 工 日 期		竣 工 日 期	
技术负责人		监　　理	
试 验 员		质检负责人	
测 量 员		质 检 员	

要求：1. 规格：1 800mm×1 200mm，脚高 1 800mm。
　　2. 材料：钢板厚 3mm，钢管立柱不小于 ϕ50mm。
　　3. 颜色：蓝底白字，单面油漆。
　　4. 备注：立柱埋入地面 500mm 并浇筑混凝土基础。

附图 2　路基施工标志牌

×××公路第×合同段 ________桥梁施工标志牌			
桩　　号		工程规模	
下部构造		上部构造	
开工日期		竣工日期	
技术负责人		驻地工程师	
桥梁工程师		桥梁专监	
施　工　员		现场监理	
测量工程师		质检负责人	

要求:1. 规格:1 800mm×1,200mm,脚高1 800mm。
2. 材料:钢板厚3mm,钢管立柱不小于ϕ50mm。
3. 颜色:蓝底白字,单面油漆。
4. 数目:每座桥梁1块。
5. 备注:立柱埋入地面500mm并浇筑混凝土基础。

附图3　桥梁施工标志牌

×××公路第×合同段 ________涵洞施工标志牌			
桩　　号		工程规模	
开工日期		竣工日期	
技术负责人		现场监理	
施　工　员		试　验　员	
测　量　员		质　检　员	

要求:1. 规格:1 200mm×800mm,脚高1 500mm。
2. 材质:木板、木柱。
3. 备注:立柱埋入地面500mm并浇筑混凝土基础,单面油漆。
4. 数目:每处圆管涵、涵洞、通道各1块。

附图4　涵洞施工标志牌

×××公路第×合同段 拌和站标志牌			
技术负责人		现场负责人	
驻地工程师		现 场 监 理	
质　检　员		机械工程师	
试　验　员		操　作　员	

要求:1. 规格:1 800mm×1 200mm,脚高 1 800mm。

2. 材料:钢板厚 3mm,钢管立柱不小于 ϕ50mm。

3. 颜色:蓝底白字,单面油漆。

4. 备注:立柱埋入地面 500mm 并浇筑混凝土基础。

附图 5　拌和站标志牌

×××公路第×合同段 预制场标志牌			
技术负责人		现场负责人	
驻地工程师		桥梁工程师	
现 场 监 理		试　验　员	
施　工　员		质　检　员	

要求:1. 规格:1 800mm×1 200mm,脚高 1 800mm。

2. 材料:钢板厚 3mm,钢管立柱不小于 ϕ50mm。

3. 颜色:蓝底白字,单面油漆。

4. 备注:立柱埋入地面 500mm 并浇筑混凝土基础。

附图 6　预制场标志牌

×××公路第×合同段 ________材料标志牌			
材料名称		生产厂家	
规格型号		进场数量	
进场时间		用　　途	
报检日期		检验状态	

要求:1. 规格:600mm×300mm,脚高1 500mm。

2. 材料:木板、木立柱。

3. 备注:距离地面1 000mm,固定于料仓左侧的隔墙上,单面油漆。

附图7　材料标志牌

×××公路第×合同段 ________施工混凝土配合比标志牌				
材料名称	产　地	规　格	设计配合比	生产配合比

要求:1. 规格:1 500mm×1 000mm,脚高1 500mm。

2. 材料:镀锌铁皮。

3. 数目:每处砌体1块。

4. 备注:立柱埋入地面500mm,单面油漆。

附图8　施工混凝土配合比标志牌

×××公路 第×合同段起点 ×××公路工程有限公司

要求:1. 每个标段准备1块,立于标段起点路基右边20m附近宽阔地段。

2. 规格:1 800mm×1 200mm,脚高1 800mm。

3. 材料:钢板厚3mm,钢管立柱不小于ϕ50mm。

4. 备注:立柱埋入地面500mm并浇筑混凝土基础,双面油漆。

附图9　起点标志牌

××××公司

×××公路第×合同段

项目经理部

要求:1. 规格:长 2 000mm,宽 300mm。

2. 颜色:字体采用标准宋体字,白底黑字。

附图 10　项目经理部标志牌

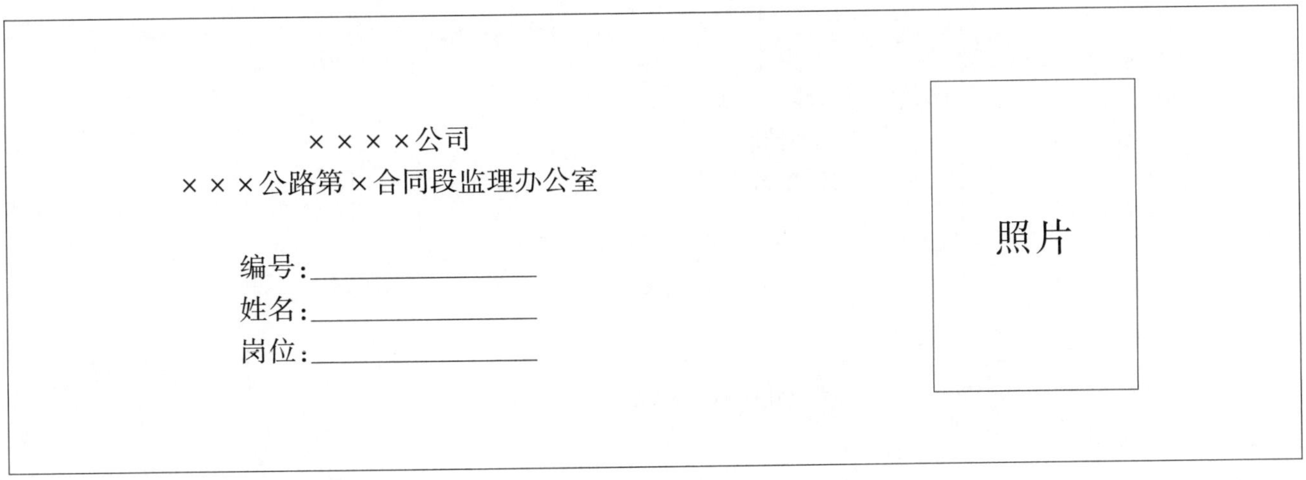

××××公司

×××公路第×合同段监理办公室

编号:________________

姓名:________________

岗位:________________

照片

附图 11　监理单位桌牌

××××公司
×××公路第×合同段项目经理部
编号：________
姓名：________
岗位：________

照片

附图12 施工单位桌牌

××××公司
×××公路第×合同段监理办公室

照片

编号：________
姓名：________
岗位：________

附图13 监理单位工作牌

××××公司
×××公路第×合同段项目经理部

照片

编号：________________
姓名：________________
岗位：________________

附图 14　施工单位工作牌

第二部分　路基工程施工标准化

1 总　　则

1.1 目的及适用范围

为进一步规范邯郸市干线公路路基施工的各项工序操作，提高施工管理水平，实现路基施工标准化，落实“双标”管理精神，克服质量通病，促进邯郸市干线公路路基施工质量再上一个新台阶，在现行标准、规范的基础上编写本指南。

本指南适用于邯郸市干线公路路基工程施工。

1.2 编制依据

1.2.1 国家及交通运输主管部门发布的与工地建设、公路工程施工有关的法律法规及相关文件、标准、规范、规程和指南。

1.2.2 河北省颁布施行的有关施工管理的规定。

1.2.3 行业内通行的先进施工工艺和管理办法。

1.2.4 邯郸市交通运输局下发的有关施工管理的规定。

1.3 主要内容

本指南共分11章，分别为总则，施工准备，一般路基施工，改扩建路基，特殊路基施工，路基排水，强夯、冲击碾压，路基边坡防护与支挡工程，涵洞，冬、雨季施工，路基整修与交工验收。

2 施 工 准 备

2.1 一般要求

2.1.1 在路基施工开工前,施工单位应在全面熟悉设计文件和设计交底的基础上,进行现场核对和施工调查,发现问题应及时根据有关程序提出修改意见报请变更设计。

2.1.2 在做好现场调查后,应根据设计要求、合同和现场的实际情况,编制实施性施工组织设计,并按规定进行报批。

2.1.3 在开工前,必须建立健全施工、安全、环保管理体系和质量保证体系,并对各类施工班组、施工人员进行岗前培训和技术、安全交底。

2.1.4 场地规划、三通一平、驻地建设等临时工程,应满足正常施工的需要。

2.1.5 做好现场取、弃土场位置的选择。

2.1.6 改建路段将旧路面的表面排水集中后设置排水通道,防止对开挖台阶的冲刷。对中央分隔带排水,超高段横向排水管要临时引至新路基外的排水沟中。

2.1.7 改建路段,应对正在使用的旧桥梁、旧涵洞、旧路面及其他排水结构物的正常交通和排水作出妥善的安排。

2.2 人员组织

2.2.1 按计划安排组织人员进场,人数应满足工程实际需要。编制(月、季、半年、年)劳务用工计划,确保特殊季节(农忙、节假日等)劳务人员数量。

2.2.2 根据合同工期,合理安排路基专业施工队陆续进场,并根据工程需要专设软基处理、强夯、冲击碾压等专业施工队伍;施工队伍的特殊工种作业人员,必须具有安检部门颁发的特种作业许可证。

2.2.3 施工单位要及时统计劳务人员基本信息,及时与工程所在地公安机关、劳动部门沟通办理相关手续。

2.2.4 应适时组织对劳务人员进行安全教育,按时给劳务人员发放劳保用品。

2.2.5 采取切实有效的办法,按时对劳务人员工资进行结算,不准拖欠劳务人员工资。劳务人员工资问题施工单位负直接责任,项目建设单位或现场执行机构(以下统称项目建设单位)负监管责任,监理单位负监督责任。

2.2.6 各施工工点管理组织机构框图如图 2-2-1 所示。

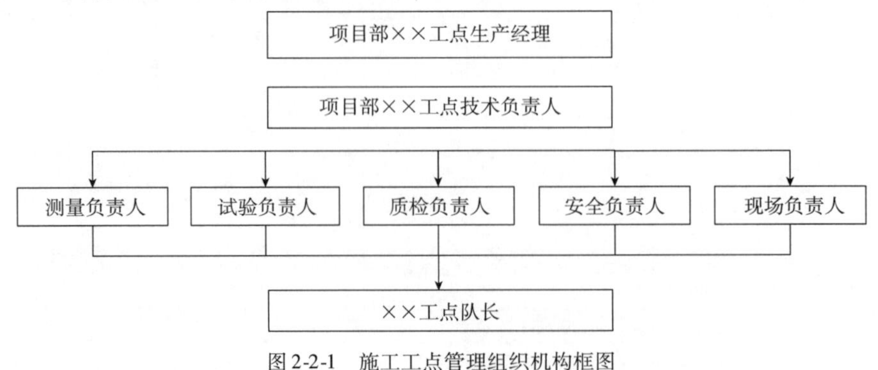

图 2-2-1 施工工点管理组织机构框图

2.3　技术准备

2.3.1　施工设备

(1)挖运设备:挖掘机、装载机、自卸汽车。

(2)摊铺整平设备:推土机、平地机。

(3)压实设备:振动压路机、三轮压路机、光轮压路机。

(4)特殊设备:强夯机、冲击压路机、羊角碾等。

(5)其他设备:洒水车、砂浆拌和机、运输设备、破碎机等。

2.3.2　设备管理

(1)路基施工机械设备,一律实行准入制。

(2)施工车辆和各类机械设备,按相关要求组织进场,并按照类别统一编号,规范标识。

(3)定期对施工机械设备进行检查维修和保养清洗,并建立设备台账,严禁带病作业。设备停放需合理规划,分区布置,摆放整齐。

(4)主要设备,应明确主机手与副机手。

2.3.3　施工测量

(1)公路路基施工前,应先进行控制性桩点的现场交桩,并保护好交桩成果。各级公路的平面控制测量、水准测量的等级以及施工放样,应满足《公路路基施工技术规范》(JTG F10—2006)的规定。

(2)路基开工前,应做好施工测量工作,其内容包括:导线、中线、水准点复测,横断面检查与补测,增设水准点等。施工测量的精度,应符合《公路勘测规范》(JTG C10—2007)的要求。

(3)对所有的测量进行记录并整理相关资料。每段测量完成后,测量记录本及成果资料由施工单位的测量员及其主管技术人员共同签字,送交监理工程师核查以备计量。

(4)应按图纸要求,在现场设置路基用地界桩和坡脚、路堑堑顶、截水沟、边沟、护坡道、取土坑、弃土堆等的具体位置桩,标明其轮廓。

2.3.4　试验准备

(1)路基施工前,应按照试验室标准化建设要求,建立试验室,并取得试验室临时资质。

(2)对来源不同、性质不同的拟作为路堤填料的材料进行复查和取样试验。土的试验项目,包括天然含水率、液限、塑限、标准击实试验、CBR 试验、颗粒分析、密度、有机质含量等,必要时应做易溶盐含量、冻胀和膨胀量等试验。

(3)路基施工期,应对路基基底土或路基填料进行相关试验。每千米至少取 2 个点;土质变化大时,视具体情况增加取样点数。

2.4　作业条件准备

2.4.1　一般要求

(1)在施工前放样出路基坡角线,复测原地面高程并与设计图纸进行校核。保护所有规定保留和监理工程师指定保留的植物及构造物。

(2)场地清理拆除及回填压实后,应重测地面高程及横断面,并将填挖断面和土石方调配方案提交监理工程师审核。

(3)承包人应按工作量的大小,适当划分段落,组织实施。清理及拆除工作完成后,应由监理工程师进行现场检查验收,在验收合格后才能进行下一工序的施工。

(4)承包人应根据施工路段的实际情况及业主的要求,铺筑可以满足路基土石方运输和施工机械通行的便道、便桥。便道、便桥一般设在路基边脚线之外。

2.4.2 施工用水

(1)施工用水不应影响附近居民的生活用水,并符合公路工程水质要求。

(2)根据工程的规模计算用水量以确定取水方式,必须保证有足够的存水量并方便及时取水;配备符合要求的洒水车,以保证每层路基填料含水率的均匀和碾压时的最佳含水率,以及运输便道、取土场等降尘用水量。

图 2-2-2 场地清理

2.4.3 场地清理

(1)路基用地范围内的树木、灌木丛等均应在施工前砍伐或移植,砍伐的树木应堆放在路基用地之外,并妥善处理。

(2)路基用地范围内的垃圾、有机物残渣及取土坑原地面表层(100~300mm)腐殖土、草皮、农作物的根系和表土应用推土机予以清除,并堆放在指定位置以备将来用做种植土。场地清理(图 2-2-2)完成后,应全面进行填前碾压,使其密实度达到规定的要求。

(3)路基用地范围及取土场范围内的树根应全部挖除,并将路基用地范围内的坑穴填平夯实。

(4)路基用地范围地基为耕地、土质松散、湖塘、软土、高液限土或其他潮湿地段应按图纸要求采取排水、清淤、晾晒、换填等满足设计要求的施工工艺进行填前处理。

(5)拆除与挖掘。

①路基用地范围内不可再利用的旧桥梁、旧涵洞、旧路面和其他障碍物等应予以拆除。

②原有结构物的地下部分,其挖除深度和范围,应符合设计图纸或监理工程师指示的要求。

③拆除原有结构物或障碍物需要进行爆破或其他作业有可能损伤新结构物时,必须在新工程动工之前完成。

④所有指定为可利用的材料,都应避免不必要的损失,将其有序的堆放于指定区域。对于废弃材料,应按监理工程师指定的地点妥善处理。

⑤应将所有因拆除结构物造成的坑穴回填并压实。

2.4.4 试验路段

(1)下列情况均应进行试验路段施工:

①填土路堤、填石路堤、土石路堤。

②特殊地段路堤。

③特殊填料路堤。

④拟采用的新技术、新工艺、新材料的路基。

⑤拟采用新型设备的路基(主要是指碾压设备)。

(2)路堤试验段应包括以下内容:

①填料试验、检测报告等。

②压实工艺主要参数:机械组合及性能;压实机械规格、松铺厚度、碾压遍数、碾压速度;最佳含水率及碾压时含水率允许偏差等。

③过程质量控制方法、指标。

④质量评价指标、标准。

⑤根据试验路段确定的机械组合、进场设备数量和施工工期安排,进一步调整优化施工组织方案,调配机械设备,布设施工工点。

⑥优化后的施工工艺。

⑦优化后的工点管理组织机构和质量、安全环保等体系。

⑧原始记录、过程记录。

⑨对施工设计图的修改建议等。

⑩摊铺的施工工艺、设备及组合。

2.4.5　改扩建路基施工前调查

(1)核对旧路的病害,尤其工程范围内的弯沉调查以及旧路路基情况。

(2)调查工程范围内的地形、地质、水文和地面排水情况等,尤其是旧路的路基情况调查。

(3)工程范围内的交通和地上、地下构筑物及公用管线等障碍物情况及交通组织情况。

(4)工程范围内的旧桥梁、旧涵洞、旧路面及其他排水结构物情况。

3 一般路基施工

3.1 路堤施工

3.1.1 一般路堤施工

1)一般要求

(1)在进行路基施工前,应做好施工期临时排水总体规划和建设,确保路基不受水的侵害以及雨水不冲淹农田、淤积河道。临时排水设施,应与永久排水设施综合考虑,与路基同步实施,并与工程影响范围内的自然排水系统相协调。

(2)路基填方材料,应在拟取土现场取土进行试验,符合《公路路基施工技术规范》(JTG F10—2006)中的规定时,方可使用;对于个别地区的填筑材料质量较差,应采取技术措施进行处理,经检验满足设计要求后方可使用;严格控制石方或土石混填的填筑石料强度、粒径及填筑、碾压、夯实工艺。要采取措施防止巨石滚落;严格控制路床填筑材料质量,尽量使用材质较好的填料,确保路床的压实度。

(3)泉眼或露头地下水,必须按设计要求采取有效的导排措施后再填筑路堤;地下水位较高时,必须按设计要求进行处理,降低地下水位。

(4)路堤填筑前,应按设计及施工规范要求处理完毕地基后,测量放样,用白灰撒好"两条线"(填土坡脚线、边沟线),边界线埋设公路界桩、隔离栅等设施,并经监理工程师检查确认。

(5)涵洞顶部填土0.5m以内使用土填筑(材质应符合相关要求)时,必须采用三轮压路机静碾碾压,且分层最大压实厚度不大于20cm;填土在0.5m以上时才允许按正常路堤填筑,振动压实。

(6)必须按不同填料要求进行路堤试验段的施工。试验段认可后,方可开展同类路基的大规模施工。

(7)填筑路堤宜采用全断面分层填筑,坡形地面应由最低处分层填起,分层压实,不得顺坡填筑。

图2-3-1 路基画灰格

(8)土方路基施工要求为"画格上土,挂线施工,平地机整平",应全宽填筑,全宽碾压。如果不能全宽填筑需在路基上画灰格开挖台阶,如图2-3-1所示。

(9)路堤填高大于1m时应采取集中排水,增设急流槽。

(10)压实后的宽度不得小于设计宽度,填筑宽度应比设计宽度每侧宽30cm。

(11)根据填筑材料及相关要求,适时进行削坡。削坡时必须由测量人员现场放样、盯岗,执行监理旁站制度,防止亏坡。

(12)做好亏坡补填、中线偏位、翻浆等常见质量问题的防治和控制。亏坡补填或水毁时,需用4%~7%的灰土回填并且必须开台阶、分层填筑,不得倾填。

(13)上下路堤坡道使用结束后,要开台阶、分层填筑,不得倾填。

(14)交通标志牌基础、预埋管线、坡面防护等宜与路基同步施工,不得因其施工而危及路基的稳定和安全。

2）填土路堤

（1）一般规定。

①地基处理应按图纸、规范的相关规定处理完毕，并经检验合格。

②路基填料应通过试验确定，符合规范及设计要求后方可使用。严禁使用含草皮土、生活垃圾、淤泥、泥炭、冻土、强膨胀土、有机质土、树根和易腐朽物质的土。黄土、盐渍土、膨胀土等特殊土体不得已必须用作路基填料时，必须采取技术措施，经检查满足设计要求后方可严格按其特殊的施工要求进行施工。

③路基填筑高度小于 80cm 时，应将地基表层土进行超挖并分层回填压实，确保路床范围内压实度满足设计要求，路床底压实度不低于 94%。

④路堤填料最小强度和最大粒径，应符合表 2-3-1 的要求。

路堤填料最小强度和最大粒径要求　　表 2-3-1

项目分类（路面底面以下深度）		填料最小强度（CBR）（%）			填料最大粒径（mm）
		一级公路	二级公路	三、四级公路	
路堤	上路床（0～0.3m）	8.0	6	5	100
	下路床（0.3～0.8m）	5.0	4	3	100
	上路堤（0.8～1.5m）	4.0	3	3	150
	下路堤（>1.5m）	3.0	2	2	150
零填及挖方路基路床（0～0.3m）		8.0	6	5	100
零填及挖方路基路床（0.3～0.8m）		5.0	4	3	100

注：1. 表列强度按《公路土工试验规程》（JTG E40—2007）规定的浸水 96h 的 CBR 试验方法测定。

2. 三、四级公路铺筑沥青混凝土和水泥混凝土路面时，应采用二级公路的规定。

3. 表中上、下路堤填料最大粒径 150mm 的规定不适用于填石路堤和土石路堤。

（2）施工工序如图 2-3-2 所示。

（3）施工要点。

①路基填筑必须严格控制每层填土厚度和压实度，路基摊铺如图 2-3-3 所示。

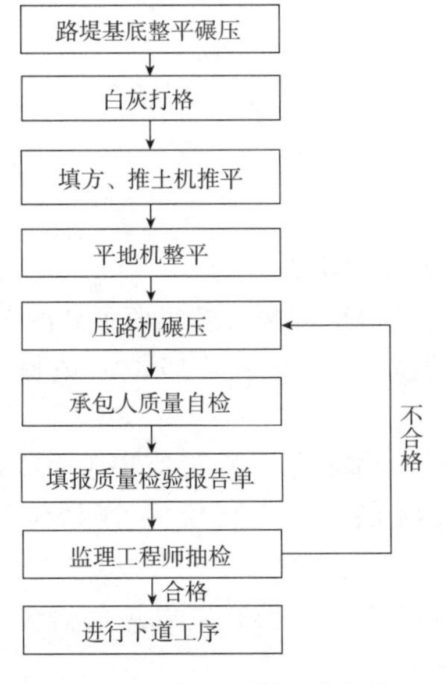

图 2-3-2　填土路基施工流程图

图 2-3-3　路基摊铺

②路基每层填料铺设前，必须石灰打格。分层最大松铺厚度不超过试验段批准厚度，填筑在路床顶面最后一层的最小压实厚度不应小于 15cm。不同性质的土应分层、分段填筑，不得混填，每种填料层累计总厚不宜小于 50cm。

③填筑路堤宜采用分层填筑法施工。填方分几个作业段施工时，若两段交接处不在同一时间填筑，则先填地段应按1∶5留坡。若两个地段同时填筑，则应分层相互交叠衔接，其搭接长度不得小于10m。包边土宜随路基同时填筑，包边土应分层压实，压实度同路基填料部分。

④路基填筑完成后，由业主申请监督部门进行交工检测。

(4)土方路堤常见质量问题的防治措施。

①中线偏位的防治措施。

a. 加固、保护导线点至交工验收。

b. 加大中线复测频率，每填高60cm恢复一次路线中桩，测定路基高程及宽度。

c. 亏填的一侧按照规范要求挖台阶补填，多余的一侧进行削坡处理。

②翻浆、"弹簧"现象的防治措施。

a. 避免使用天然稠度小于1.1，液限大于40%，塑性指数大于18，含水率大于最佳含水率2%的土作为路基填料。

b. 土的实际含水率大于最佳含水率2%时，采取翻拌晾晒、加石灰或换填适宜填料的措施，达到要求后方可进行压实。

c. 清除碾压层下软弱层，换填良土后重新碾压。

d. 不同性质的土不得混填。

③路基边缘压实度不够的防治措施。

a. 路基施工必须按路基填筑宽度要求进行。

b. 控制碾压工艺，保证机具碾压到边，确保边缘带碾压频率不低于行车带。

c. 返工至压实度检测合格的上一层。

④起皮、松散的防治措施。

a. 起皮：严禁薄层贴补；低液限粉土填筑路基时，碾压过程中应适量洒水。尽量保证填料含水率均匀一致；配足碾压设备，尤其是轮胎压路机，及时碾压。

b. 松散：适当洒水后重新碾压；适当缩短作业面长度，或配足摊铺碾压设备；冬季施工时填筑层碾压完毕后应及时封土保温。

⑤路基边坡冲刷的防治措施。

a. 削坡后及时进行边坡防护。

b. 按要求设挡水埝和临时泄水槽，且保证其随时完好并发挥作用。

c. 雨水冲刷后应及时修补路基，用小型夯实机具分层夯实。

d. 路基必须按要求填筑、碾压，亏坡整修时严禁贴补。

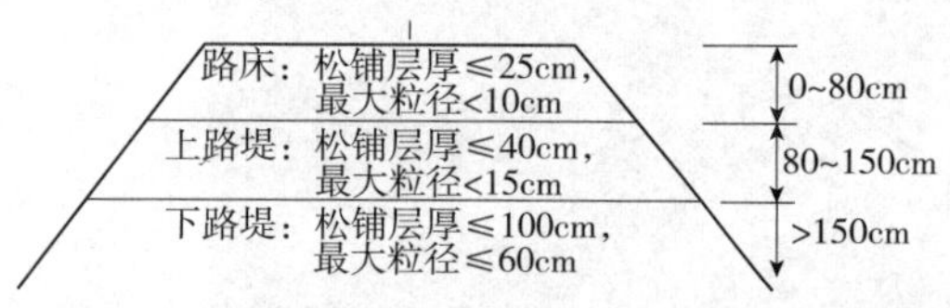

图2-3-4　填石路堤松铺厚度与最大粒径要求示意图

3)填石路堤(碎石土路堤)

(1)填石路堤松铺厚度与最大粒径要求如图2-3-4所示。

①填石路堤的石料强度不小于15MPa，填料不均匀系数宜为15～20。

②填石路堤的路床填料最大粒径应小于10cm，路床底面以下70cm厚的过渡层，填料粒径应小15cm，其中小于0.05mm的细粒料含量要不少于30%。

③为充分利用超大粒径填料，路床顶面150cm以下填料最大粒径不大于60cm，其填料最大粒径均不得超过层厚的2/3。

(2)填石路堤填筑施工工序，如图2-3-5所示。

(3)施工要点。

①用大型推土机按其松铺厚度摊平，个别不平处需人工找平，在整修过程中发现有超粒径的石块应予以剔除，做到粗细颗粒分布均匀，避免出现粗颗粒集中现象。

②应分层填筑、分层压实，压实标准参考《公路路基施工技术规范》(JTG F10—2006)。当上层为细粒土时，应设置土工布作为隔离层。

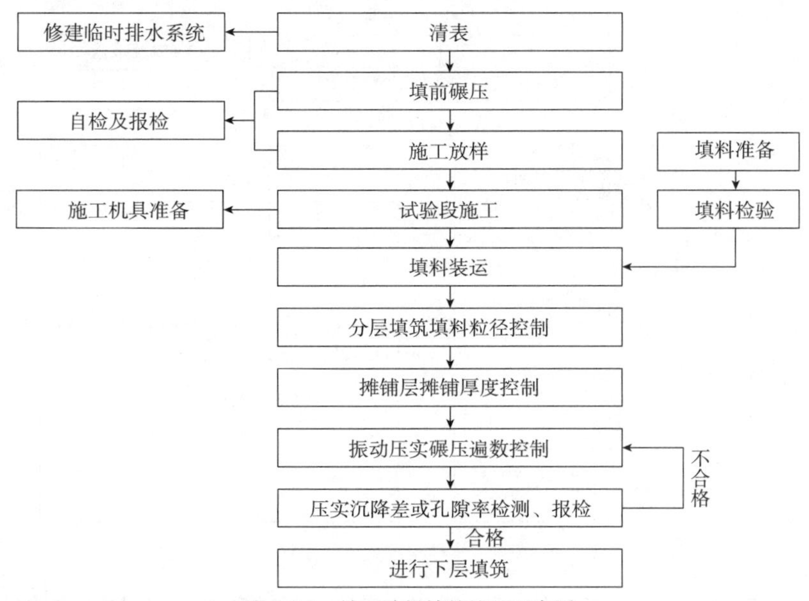

图 2-3-5　填石路堤填筑施工工序图

③填石路堤的填料如其岩性相差较大，特别是岩石强度相差较大时，应将不同岩性的填料分层或分段填筑。

④填石路堤逐层填筑时，应安排好石料运输路线，专人指挥，按水平分层，先低后高，先两侧后中央上料，并用大功率推土机摊平。个别不平处应配合细石块、石屑找平。

⑤当石块级配较差、料径较大、填层较厚、石块间空隙较大时，可在每层表面的空隙里扫入石渣、石屑、中粗砂，再给以压力将砂冲入下部，反复数次，使空隙填满，最后进行碾压，如图 2-3-6 所示。

⑥人工铺填石料时，应先铺填大块石料，大面向下，小面向上，摆平放稳，再用小石块找平，石屑塞缝，最后压实。

⑦填石路堤压实时应先两侧(即靠路肩部分)后中间，压实路线对于轮碾应纵向互相平行，反复碾压。

(4)质量控制要点和监理要点，应满足《公路路基施工技术规范》(JTG F10—2006)的规定。

图 2-3-6　填石路堤碾压

3.1.2　半填半挖路基施工

半填半挖路基施工，包括半填半挖路基、路堤与桥涵，以及路堤与挖方路基过渡段施工。

1)半填半挖处施工工序(图 2-3-7)

2)施工要点

(1)半填半挖地段填筑填料时，必须严格控制填料种类，应选用适宜性、材质较好的填料；填筑时，应严格处理横向、纵向、原地面等结合面，确保路基的整体性。

(2)按设计和施工规范要求，清理半填断面的原地面，并从填方坡脚起向上设置向内侧倾斜 2% ~4% 的台阶，台阶宽度应不小于 2m，在挖方一侧，台阶应与每条行车道宽度一致，位置重合。

(3)在开挖坡面坡度陡于 45°时，应根据坡面地质情况进行坡面清理，并清除表面的风化层、孤石、石笋等，保证碾压设备能够碾压到边。强夯时，应加强该填挖边界的强夯处理。

(4)填筑时，必须从最低点处的台阶开始分层摊铺碾压，开挖的台阶必须和对应的填筑层同时碾压；特别要注意填、挖交界处的拼接，碾压时必须做到密实、无拼痕。

(5)受碾压设备自身的影响，按照正常的碾压在台阶局部存在碾压空白区，在台阶接合部位必须增加横向碾压。

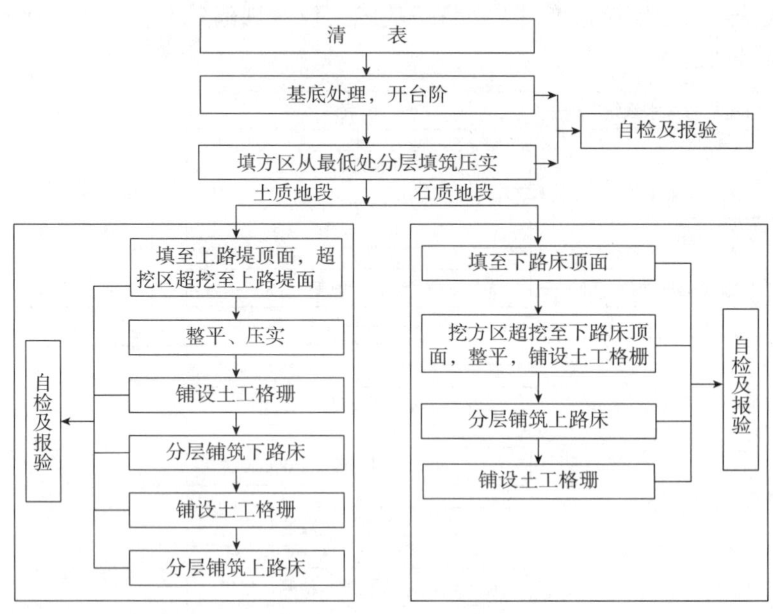

图 2-3-7　半填半挖处施工工序

(6)半填半挖路段的开挖,必须等下部填断面的原地面处理好后,方可开挖上部挖方断面;对挖方中非适用材料必须废弃,严禁填在半填断面内。

(7)接合部有地面水汇流的路段,在施工前做好临时排水沟导排水流;接合部的原坡面有地下水露出时,根据设计文件或规范要求设置截、排水盲沟等设施。

(8)施工前及施工过程中,应详细查看半挖基底和坡面是否有渗水,如有渗水,应根据渗水情况设置防、截、疏导水流设施,特别是填土、土石混填的半填半挖路段。

(9)半填半挖路段除正常分层填筑压实外,还须采用强夯压实。

(10)高度小于 800mm 的路堤、零填方及挖方路床的加固换填宜选用水稳性较好的材料。

图 2-3-8　土工格栅

(11)铺设土工格栅(图 2-3-8)。

①铺设的路基表面必须整平,以符合土工格栅铺设的平整度要求。

②铺设土工格栅时,土工格栅必须拉直平顺,紧贴下承层,不能出现扭曲、折皱、重叠,用人工拉紧的现象。

③采用 U 形锚固钢筋将土工格栅固定在下压实层,锚固钢筋的长度和间距,必须符合设计要求。

④铺设土工格栅时,必须将强度高的方向垂直于填挖交界的轴线方向布置;两幅土工格栅之间的连接必须牢固,其叠合宽度不小于 50cm。

⑤土工格栅铺好后,必须及时填筑上层填料,填土时不得移动土工格栅,在土工格栅上填筑上层填料时,必须采用倒卸法,禁止运料车及其他施工机械在土工格栅上直接碾压。土工格栅不能长时间在野外暴露,剩余土工格栅必须及时放回库房库存。

⑥施工中随时检查土工格栅的质量,发现有折损、撕裂等损坏时,必须更换。

⑦填石路基一般不用土工格栅。

3)质量控制要点和监理要点

(1)开挖台阶宽度及内倾坡度。

(2)填挖交界面的表土清理及碾压质量。

(3)挖方区域周边边坡的稳定性。

(4)开挖坡面是否有渗水现象。

(5)开挖坡面或原地面是否存在坑穴、水沟、黄土陷穴、淤泥等,如果存在,要严格进行挖除、回填处理。

(6)在下承层上铺筑土工格栅时下承层的平整度。

(7)土工格栅的铺设方向、拉紧度、叠合宽度、锚固牢固程度、表面平整情况及破损情况。

(8)其他参照一般路堤填筑和强夯的要求执行。

4)填挖交界处出现裂缝防治措施

(1)严格按规范清理半填断面的原地面,从填方坡脚起向上设置内倾台阶。

(2)必须在施工前做好临时排水沟,导排地表水;接合部有地下水时,必须根据设计文件或规范要求设置截、排水盲沟等设施。

(3)倾斜度过陡的山坡坡脚要设支挡结构。

3.2　挖方路基施工

3.2.1　一般规定

(1)在路基挖方开工前,将开挖工程断面图报监理工程师批准,否则不得开挖。

(2)所有挖方作业,均应符合图纸和《公路路基施工技术规范》(JTG F10—2006)的有关规定,并应按监理工程师的要求施工。

(3)挖方作业应保持边坡的稳定,不得对邻近的各种结构物及设施产生损坏或干扰。

(4)在开挖中出现石方时,应测量土石分界线,经监理工程师鉴定认可后,分层进行开挖。如果出现零星石方,应在事前量测石方数量,报经监理工程师批准后,方能继续施工。

(5)路基挖方材料,应尽量予以利用,除图纸规定或被定为非适用材料外,不得任意废弃。

(6)路床面开挖不得超过图纸或监理工程师规定的要求。

(7)在整个施工期间,必须始终保证路基排水畅通。

(8)施工前,应对图纸提供的弃土方案进行现场核对,如与设计不符,应进行及时的处理。

3.2.2　土方工程

1)土质挖方路基开挖施工工序(图2-3-9)

2)土质挖方路基施工要点

(1)土方开挖,应按图纸要求自上而下的进行开挖,不得乱挖或超挖,如图2-3-10所示。无论工程量有多大,土层有多深,均严禁用爆破法施工或掏洞取土。

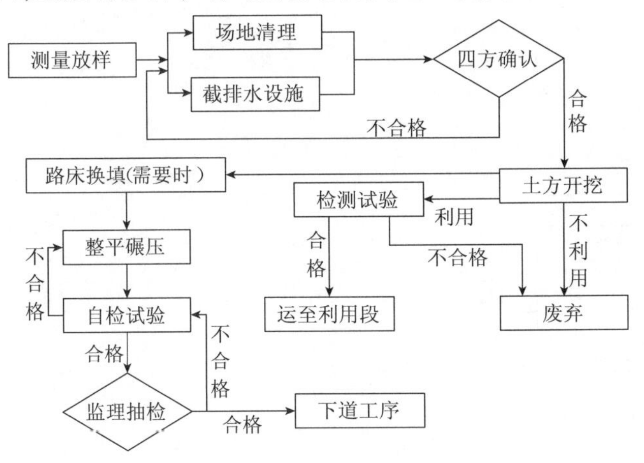

图2-3-9　土质挖方路基开挖施工工序

图2-3-10　土质路堑开挖

(2)开挖中如发现土层性质有变化时,应修改施工方案及挖方边坡,并及时上报。

(3)如果指定的弃土场不能满足弃方要求时,应尽早重新选择弃土位置并相应修改施工方案进行上报。

(4)必须注意对图纸未示出的地下管道、缆线、文物古迹和结构物的保护。开挖中一旦发现上述结构物应立即上报业主单位,且应停止作业并保护现场听候处理。

(5)土方地段的路床顶面高程,应考虑因压实而产生的下沉量,其值由试验确定。路床顶面的压实度应符合评定标准的要求;按《公路土工试验规程》(JTG E40—2007)重型击实法进行检验。

(6)开挖至零填方、挖方路基路床部分后,应尽快进行路床施工,如不能及时进行,宜在设计路床顶高程以上预留至少50cm厚的保护层,便于下层施工。

(7)挖方路基施工遇到地下水时,应按《公路路基施工技术规范》(JTG F10—2006)的规定处理。

3)质量控制要点和监理要点

(1)完善防、排、截水设施系统。

(2)严格控制开挖方式,选定合适的运输路线,保证运输道路安全、畅通。

(3)随时检查开挖界面,防止超挖和欠挖,应对边坡坡率进行动态设计。

(4)经常检查开挖边坡的稳定性,防止边坡溜塌。

(5)开挖将至路床顶时,复测高程,在适当位置标注开挖高程,防止超挖。

4)土质挖方路基常见质量问题的防治措施

(1)开挖边坡溜塌防治措施。

①施工中经常对边坡加以复核,确保边坡坡率宁缓勿陡。

②需支护的边坡应及时进行边坡支护,未支护时应加盖塑料膜防水。

③做好原地表的截排水措施。

(2)边坡坡面超欠挖防治措施。

①加强施工过程中的测量检查,增加测设点位,为施工提供准确的数据。

②土质挖方路基接近路床顶面时,标注、加密高程控制点,并控制好挖机铲斗深度,辅以推土机、平地机及人工修整。

3.2.3 石方工程

1)石质挖方路基开挖施工工序(图2-3-11)

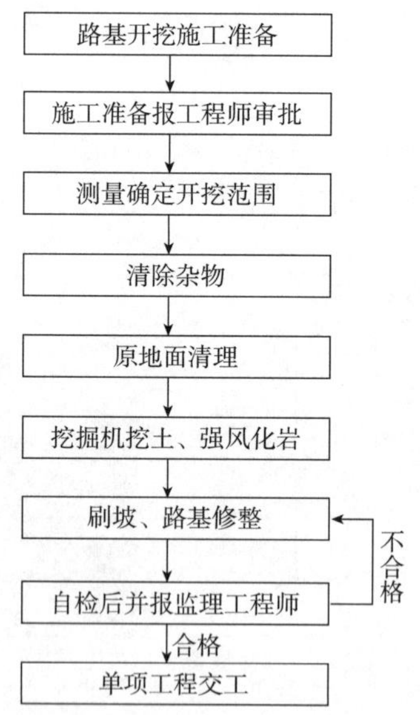

图2-3-11 石质挖方路基开挖施工工序

2)石方爆破施工要点

(1)石方爆破必须符合《爆破安全规程》(GB 6722)要求。爆破方式采取光面爆破,如图2-3-12所示。

(2)挖方地段高程控制原则“宜低不宜高”。

3)质量控制要点和监理要点

(1)路基表面平整,边线顺直、曲线圆滑;边坡坡面没有松石。

(2)石质边坡坡面有渗水时,应结合坡面防护、边沟等做好渗水处理。严禁将渗水部位全覆盖砌筑。

(3)石质路床底面有地下水时,必须严格按照设计要求对地下水进行防、排、截施工。

(4)边沟应满足设计要求,且是否满足使用需求。

图 2-3-12　光面爆破

3.3　结构物处台背回填

3.3.1　一般要求

(1)结构物应达到设计要求或规范规定的强度,隐蔽工程验收合格后,方可施工台背回填。回填时圬工强度的具体要求及回填时间,应按有关规定执行。

图 2-3-13　小型夯具

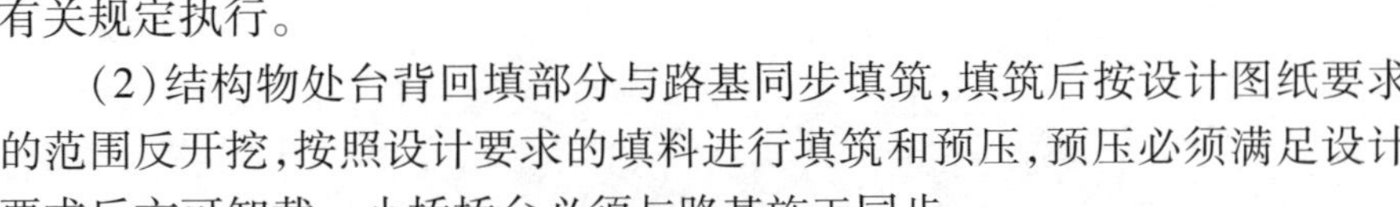

(2)结构物处台背回填部分与路基同步填筑,填筑后按设计图纸要求的范围反开挖,按照设计要求的填料进行填筑和预压,预压必须满足设计要求后方可卸载。小桥桥台必须与路基施工同步。

(3)桥头或涵洞两侧路基宜采用轻质填料填筑,应从原地面(或加固土桩桩顶碎石褥垫层顶面)起填筑至路床顶面。施工时应在结构物上做好标记,严格控制施工厚度。

(4)台背回填范围应符合图纸要求。

(5)堆坡填土应与桥台背填土同时进行,一次填足并保证压实整修后能达到设计宽度要求,紧靠台背部分的填料应采用小型压实设备(图 2-3-13)分薄层碾压并在台背上画上标尺(黑红间隔)控制填筑厚度。施工时要留有影像资料。

3.3.2　施工要点

施工要点需满足《公路路基施工技术规范》(JTG F10—2006)的规定。

4　改扩建路基

4.1　路基拼接施工

4.1.1　一般要求

(1)施工前要对地基状况进行核查,应选择合理的施工方案,保障软土处理、路基拼接后原路基的稳定性。

图 2-4-1　路基拼接施工

(2)在填筑加宽路基前,先对老路基边坡松散土进行清坡处理。

(3)土路基段的开挖施工应尽量避开雨季施工,缩短施工周期。

(4)工程地质不良地段,必须彻底对基底进行清理、压实及换填,提高路基基底强度,以避免或减小新旧路基间的纵向裂缝。路基拼接施工如图 2-4-1 所示。

4.1.2　土质路基

(1)台阶开挖宽度为 200cm、高度为 40cm,由底至上开挖,开挖一级填筑一级。

(2)台阶的开挖采用挖掘机结合人工的方式进行。应对台阶处的原老路填土进行天然含水率和力学性能的检验。

(3)台阶机械开挖时应预留 10cm,然后人工清理成 1∶0.2 的向内斜坡。

(4)应结合路基施工分段落、分级进行开挖。

(5)在进行路基填筑时,应加强与原老路台阶结合处的碾压,人工清理台阶结合处的虚土,然后碾压到边,对与老路基的结合部位应作为重点进行施工。

(6)台阶开挖时若老路堤出现渗水,须及时上报,处理后才可继续施工。

(7)尽量避免老路基开挖断面长时间的暴露,当路基填筑完成一层时,方可开挖上一层台阶。降雨时及时对已开挖的老路基台阶采用防水布进行覆盖。

4.1.3　砂砾路基施工

(1)砂砾路基台阶开挖不易成型,应由下向上分层填筑。新旧路基结合部位,每填筑一层,应用推土机按分层填筑厚度的 2 倍宽度向旧路基内侧挪移。在碾压搭接结合部位时要增加碾压遍数,压实度适当提高。

(2)在施工时应清除原路基搭接部位超粒径的填料。

4.1.4　施工要点

(1)每一压实层均应检验压实度,合格后方可填筑其上一层。对于拼接段的路基填筑压实度的控制,应作为平时检测工作的重点。对新老路基拼接内侧 1m 的压实度检测宜加大频率,且点点合格,压实标准应提高 1%。

(2)结构物台背回填施工的纵向、横向开挖台阶尺寸宜为:宽 200cm、高 40cm。由底至上开挖,开挖一级填筑一级。采用反开挖施工的涵洞的台背回填台阶开挖,其宽度和高度均为 30cm。

(3)在路床顶面或基底上,宜铺设一定数量的强度、张拉力、柔韧性优良的土工格栅。

(4)路基台阶的开挖可采用开挖一级填筑一级的方法,逐级开挖,逐级填筑;原土路堤边坡清除表土后出现的松散、过湿、翻浆、沉陷、冲沟等病害需进行相应的换填、挖出处理,再进行开挖台阶施工;原路基为砂砾路基时,清表后出现松散、沉陷时应,采用换填或注浆处理,然后进行开挖台阶施工。

4.2　石方挖方路基拓宽

4.2.1　施工要点

(1)挖方路基开挖,以尽量不爆破为原则,如石方开挖必须采用爆破施工,则爆破规模必须采取小型爆破,并采用预裂控制爆破和光面爆破方式,同时每次爆破必须有计划、有审批、有组织,定时、定点、定规模地进行。

(2)在需爆破的挖方路基上靠行车道侧沿路线纵向先预留爆破防护墙,并加设双排脚手架和安全网进行防护,防止大量飞石滚入公路。

(3)在运营的公路边坡上爆破时,应临时封闭交通。

4.2.2　爆破方案设计原则

(1)爆破施工前必须对周围环境进行调查,以基本不干扰主线交通,实施短时间封闭交通(30min 以内);不能对周围建筑物产生破坏效应。

(2)落实施工布置,特别是防护、加固措施的实施,控制飞石在安全范围内,确保道路行车和人员安全;确保电力通信设施安全等。

(3)其他爆破方案参考《爆破安全规程》(GB 6722)的要求执行。

4.2.3　土石方挖运

(1)爆破施工与土石方挖运同步进行,即采取边挖运边爆破的配合方式进行,每一区爆破后,将各路钻爆工具、机械运至下一作业区段的顶面上,开始钻孔作业,爆破完成的作业区采用挖掘机和装载机装碴,自卸车运输,填筑于路堤地段或运于弃碴场。

(2)在拓宽工程爆破施工时,如要确保公路不间断运营,爆破石渣不能直接抛掷到挖方路基以下,且爆破在公路一侧预留防护墙,靠近山体一侧预留光面爆破层,中间爆破宽度较窄,运输车须回撤倒车进入爆破区装料,然后正向开出运走。

5　特殊路基施工

5.1　一般规定

5.1.1　特殊路基施工，应进行必要的基础试验，复核处治方案的可行性，编制专项施工组织设计，经总监理工程师批准后方可实施。

5.1.2　施工中如实际地质情况与设计不符或设计处治方案因故不能实施，应按有关规定办理。

5.1.3　采用新技术、新工艺、新设备、新材料时，必须制订相应的工艺、质量标准。

5.1.4　特殊地区路基施工应满足一般路基施工的要求。

5.1.5　软基处理原则上不允许用钢渣进行处理。

5.2　软土地基路基施工

5.2.1　软土地基施工工序

软土地基施工工序如图 2-5-1 所示。

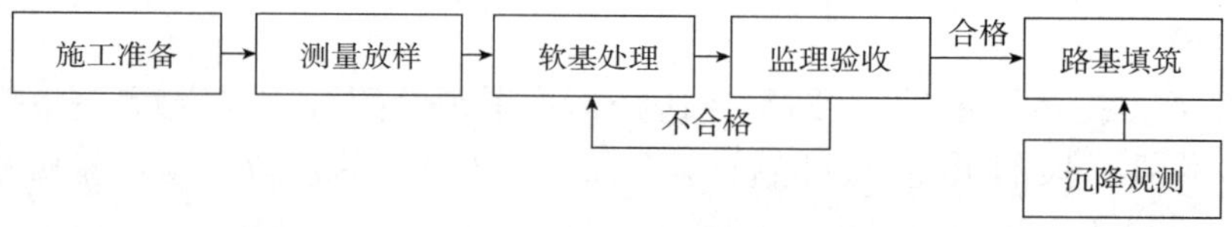

图 2-5-1　软土地基施工工序

图 2-5-2　软基处理

5.2.2　砂（砾）垫层

（1）施工要点。

①挖除换填适用于表层分布小于 2m 的软土，如图 2-5-2 所示。

②按设计要求，将原地面以下的软土挖除，换填料选用天然砂砾或渣石，换填厚度为 50～100cm，分层填筑并压实至设计规定的压实度。

③当软土厚度大于 2m 时，宜采用水泥搅拌桩、砂（砾）垫层、袋装砂井、塑料排水板等处理。

（2）质量控制要点和监理要点。

基底不得超挖，基底地质情况；换填材料质量、换填宽度、压实度等。

5.2.3　土工合成材料

（1）施工要点。

①土工合成材料在存放以及铺设过程中应避免长时间暴晒或暴露。与土工合成材料直接接触的填料中严禁含强酸性、强碱性物质。

②下承层应平整，局部高差不大于 30mm，无碎、块石，土工合成材料摊铺时应拉直、平顺，紧贴下承层，不得扭曲、折皱。在斜坡上摊铺时，应保持一定松紧度。

③铺设土工合成材料时,应在路堤每边各留一定长度,回折覆裹在已压实的填筑层面上,折回外露部分应用土覆盖。应随铺随压。

④土工合成材料的连接,采用搭接时,搭接长度宜为300～600mm;采用缝接时,缝接宽度应不小于50mm,缝接强度应不低于土工合成材料的抗拉强度;采用黏结时,黏合宽度应不小于50mm,黏合强度应不低于土工合成材料的抗拉强度。

⑤施工中应采取措施防止土工合成材料受损,出现破损时应及时修补或更换。

⑥双层土工合成材料上、下层接缝应错开,错开长度应大于500mm。

⑦碾压及运输设备禁止直接在土工合成材料上碾压或行走作业。

⑧土工合成材料垫层属于隐蔽工程,施工中监理应旁站监控并做好隐蔽工程检查记录。

⑨土工合成材料,应进行外委试验检测。取样应执行取样见证制度。

(2)监理旁站要点。

①核实土工合成材料是否外委检测,检测是否合格;铺设面压实度等是否合格。

②查看土工合成材料下承面表面是否有杂物。

③检测、记录下承面表面平整度。

④查看土工合成材料铺设方向是否正确,是否拉紧,是否铺设到边。

⑤查验连接处宽度、结合的牢固程度。双层土工合成材料上、下层接缝是否错开及错开长度。

⑥查看是否有破损;是否有车辆在上面行走;是否按照施工方案的填筑方式上料、摊铺、碾压。

5.2.4　粉喷桩(加固土桩)

(1)粉喷桩施工工序(图2-5-3)。

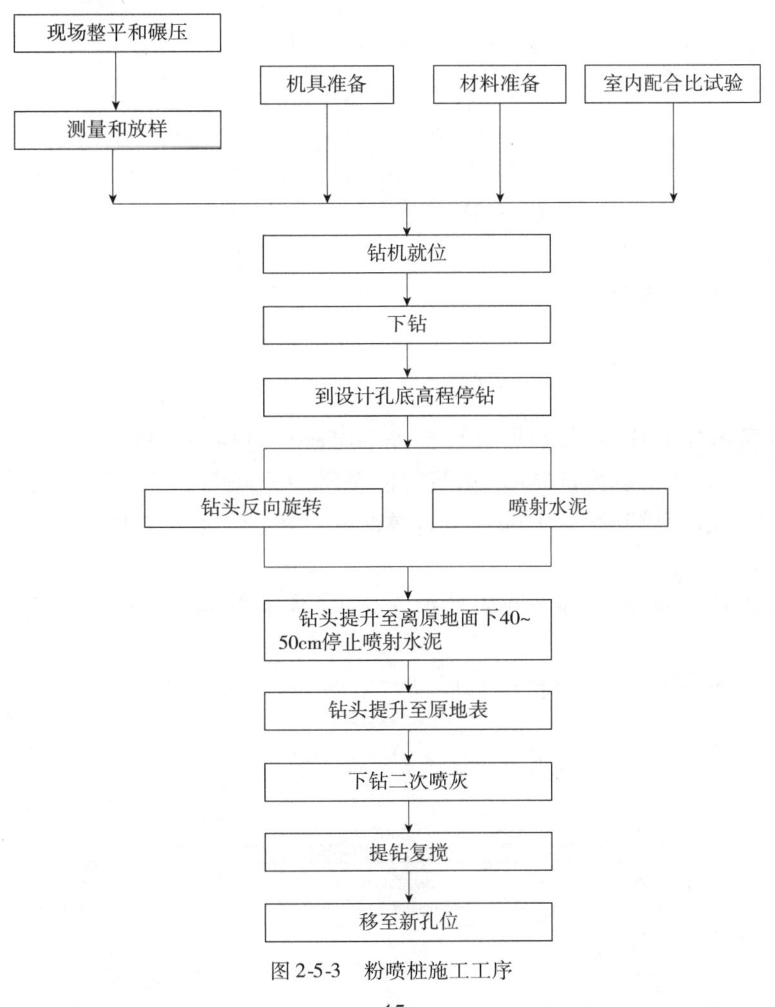

图2-5-3　粉喷桩施工工序

(2)施工要点。

①施工前必须进行成桩试验,桩数不宜少于5根,通过试验,取得满足设计喷入量的各种技术参数,如钻进速度、提升速度、搅拌速度、喷气压力、单位时间喷入量等。

②粉喷桩施工场地,应予以清理、整平,整平后地面坡度不得大于2%,并用轻型压路机进行碾压稳定。路基两侧必须开挖排水沟,保证施工期间施工现场不被水浸泡。

③粉喷桩设备应选用定型产品,严禁采用改装的机械。喷钻机钻杆必须垂直,钻杆倾斜度不得大于1.5%。必须配有粉喷量自动记录的计量系统。施工机具上应带有明显的进尺刻度标记,以控制粉喷桩的深度。

④施工前应绘制每个施工段落的桩位平面图,桥头、结构物基础段落粉喷桩应优先安排施工。

⑤河塘地段清淤后,在河塘底部填筑30~50cm的素土并压实到规定的压实度。

⑥施工前对粉喷桩位置测设放样,并明显标记,严禁边施工边放样。

⑦发现喷灰管堵塞后,应立即停止施工,标明钻杆所处深度,排除故障后,重新喷灰,在接头处重叠不应小于1.0m。如果停止12h以上,该未完成桩作报废处理,重新打桩。新桩与报废桩距离不大于设计桩距的15%。

⑧桥头处粉喷桩位置距离桥梁桩基边缘位置应不小于1.0m。

⑨粉喷桩应全部复喷,检验桩底是否进入持力层。

⑩粉喷桩执行监理旁站制度。

(3)监理旁站要点。

①严格按照规范要求控制材料质量,受潮水泥不得使用。

②检查场地平整度,及是否有积水现象。

③检查钻进速度、提升速度、搅拌速度、喷气压力、单位时间喷入量等。

④检查钻杆倾斜度。

⑤检查桩距、桩径、桩长、竖直度、桩体无侧限抗压强度、单桩或复合地基承载力。

⑥每天定时检查水泥进场量、使用量和粉喷桩数量,计算水泥用量。

⑦检查设备工作情况,并每天检测桩头一次。

⑧粉喷桩每延米水泥用量误差不大于4%,单桩水泥用量不大于1%。

⑨查核并严格控制每台设备每天的工作量。

5.3 抛石挤淤

5.3.1 应选用不易风化的片石,片石厚度或直径不宜小于300mm。

5.3.2 软土地层平坦、软土成流动状时,填筑应沿路基中线向前成三角形方式投放片石,再渐次向两侧全宽范围扩展。当软土地层横坡陡于1∶10时,应自高侧向低侧填筑,并在低侧坡脚外一定宽度内同时抛填形成片石平台。

5.3.3 片石抛填出软土面后,应用较小石块填塞垫平,并用重型压路机碾压密实。其上顶面和坡脚两侧应设反滤层。

5.3.4 路基坡脚以外至少1.0m范围内均应抛石挤淤,如图2-5-4所示。

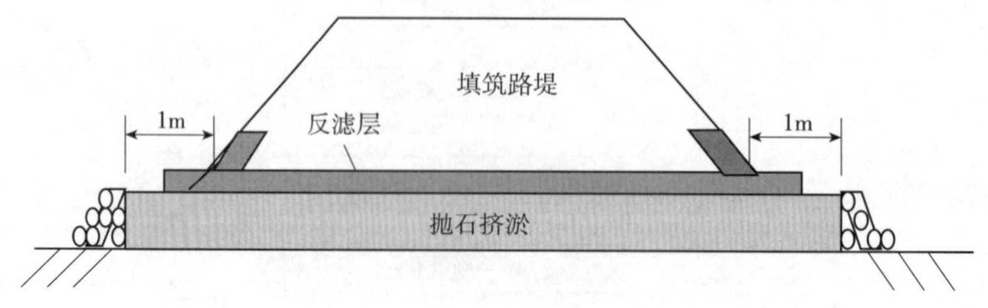

图2-5-4 抛石挤淤示意图

质量控制要点和监理要点：片石材质、几何尺寸；填筑方式、宽度，片石咬合紧密，碾压密实；反滤层材质，设置宽度、厚度等。

5.4　河、塘、湖（库）地区路基施工

5.4.1　施工工序

河、塘、湖（库）地区路基施工流程图如图2-5-5所示。

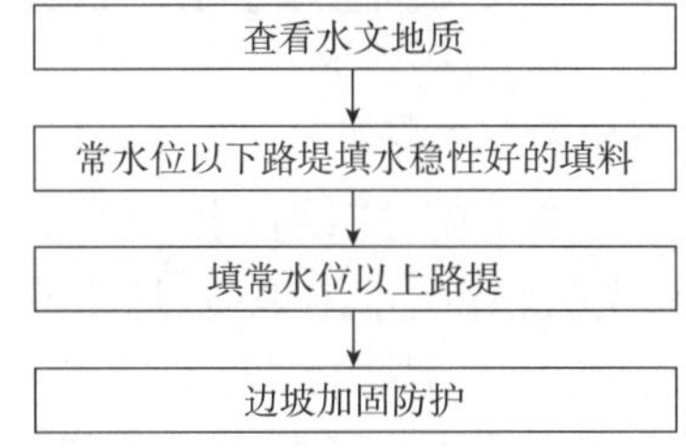

图2-5-5　河、塘、湖（库）地区路基施工流程图

5.4.2　施工要点

（1）填料与取土：宜设置集中取土场。常水位以下路堤的施工材料，宜选用矿渣、片石、砾石等水稳性良好的材料。如选用强膨胀土，必须进行基础处理。

（2）受水位涨落影响的部分，也宜选用水稳性好的材料，如具有天然级配的砂砾、卵石、粗（中）砂，石质坚硬不宜风化的片、碎石等。

（3）严格按设计图纸及文件并根据水流对路基破坏作用的性质、程度进行防护和加固施工。当施工现场的实际情况与设计防护形式不符时，应申请变更设计。

（4）山区沿河路基，应针对水流冲刷情况进行加固和防护，施工期间注意防洪，防洪工程宜在洪水期前完成；穿越地质不良陡峻沟谷时，还应查清有无泥石流影响，并相应采取排导，拦截措施。

5.4.3　施工质量

（1）必须确保路基稳定，路基施工已充分考虑地质、水文，洪水等对路基的破坏。

（2）路基施工的各项实测项目应符合《公路工程质量检验评定标准　第一册　土建工程》（JTG F80/1—2004）。

5.5　滑坡地段路基施工

5.5.1　滑坡地段路基施工工序

滑坡地段路基施工工序流程图如图2-5-6所示。

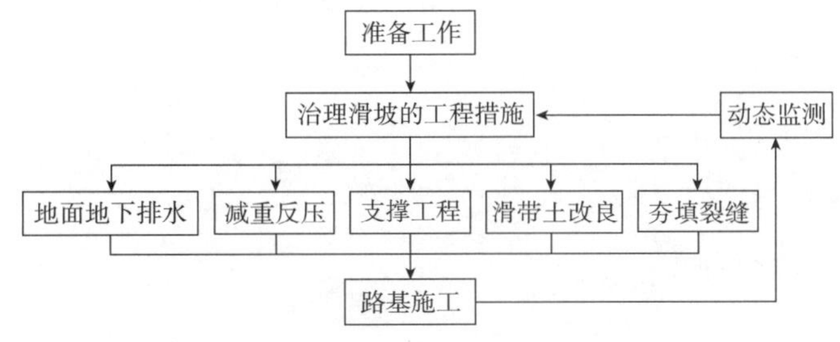

图2-5-6　滑坡地段路基施工工序流程图

5.5.2　施工要点

（1）滑坡处理前，禁止在滑坡体上增加荷载，且严禁在滑坡体前缘减载。

（2）结合滑坡地段的自然排水沟及永久性排水工程，在施工过程中，必须将滑坡体内的水疏通到自然沟或桥涵处排出；严禁地表水下渗进入滑坡体，从而加剧滑坡的扩大。

（3）根据滑坡处治设计图和现场实际情况，编制切实可行的施工组织设计方案进行处治。

（4）路堑边坡采用信息化动态设计管理技术，施工单位、第三方试验检测单位必须及时上报边坡开挖、建设情况等信息，以便于设计单位加强动态设计管理。

（5）滑坡整治完成后，及时恢复植被。

5.5.3 监理要点

(1)施工前和施工中防、截、排水系统是否完善,截水沟是否防渗。

(2)减载施工是否规范。

(3)施工过程中动态监测情况。

(4)支挡工程基础开挖是否合理,支挡是否及时,质量是否符合规范及设计文件的要求。

5.6 采空区路基施工

5.6.1 一般要求

(1)施工前,应结合设计详细核查路幅内采空区类型(平洞、竖井、斜井,煤类、金属类)、布局走向、空间大小、支设情况、水温地质、地下水高度和顶板地层厚度,复核设计方案的可行性,编制施工组织设计,完善处治措施。

(2)路基边沟及排水沟底部应采取防渗处理措施,防止地表水渗入采空区。

5.6.2 施工要点

(1)探明采空区走向及埋深较浅时,可采取开挖回填处治。应在采空区侧面开挖至采空洞,严禁从采空区顶面开挖。

(2)当采空区采用注浆处理时,注浆要求同溶洞注浆的要求。

(3)采空区路基基底采用砂砾、碎石、干(浆)砌片石等回填时,填料质量和填筑压实度应符合设计要求,片石强度应满足设计要求,且不得低于30MPa。

(4)当采空区有地下水渗出时,应采取排导方式排出路基之外。

(5)如采用新技术、新工艺、新材料处理采空区,应按照相关程序进行试验,经试验及论证切实可行后,方可进行施工。

6 路基排水

6.1 一般要求

6.1.1 施工前，应校核全线排水设计是否完善、合理，必要时应提出补充和修改意见，保证其使用功能，并形成完善的排水系统。

6.1.2 临时排水设施应尽量与永久排水设施相结合，排水方案应因地制宜、经济实用。

6.1.3 各种排水设施应尽量少占农田，并与当地水利建设相配合。

6.1.4 施工期间，各种临时、永久排水设施应形成完整、畅通的排水系统，并做好日常维护。

6.1.5 排水设施砌筑用砂浆应采用砂浆拌和机集中拌和。

6.1.6 施工期应加强排水设施的动态设计。

6.1.7 改扩建道路中排水设施应与原道路涵洞的排水、通行衔接良好。

6.1.8 过村路段宜采用矩形边沟，矩形边沟上铺设盖板。

6.2 地表排水

6.2.1 边沟、排水沟、截水沟

1）施工准备

（1）设计图纸及文件已审核，并对班组进行了详细的施工技术交底。

（2）所需要的材料如砂、片块石、水泥已进场并检测合格，砂浆配合比已确定。

（3）所需的机械设备、人员已准备就绪。

（4）现场的安全质量保证体系已建立，分项工程责任牌已制作，明确了各工点、工序的负责人。

（5）根据图纸要求，边沟、排水沟的现场放样完成，并经复核与现场地形符合，与桥涵、结构物及线外排水系统或自然水系能平顺衔接，能够形成完整的排水系统。

（6）分项工程开工报告已得到批复，施工现场的劳动力满足施工进度要求，施工进度计划及分项工程的施工方案得到批准。

2）施工工序

一般路段边沟施工流程如图 2-6-1 所示。

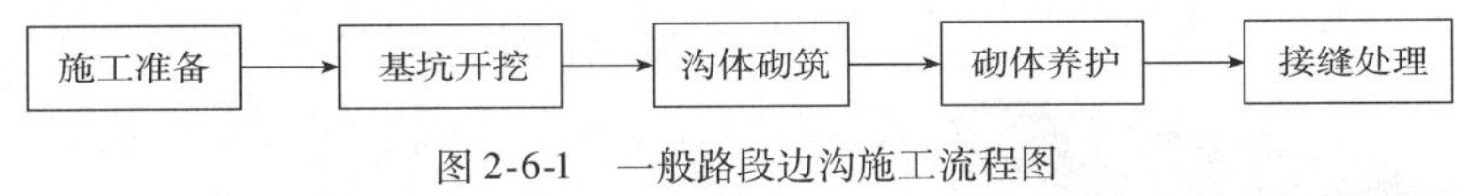

图 2-6-1 一般路段边沟施工流程图

3）施工要点

（1）边沟（图 2-6-2）、排水沟（图 2-6-3）、截水沟的测量要精确，确保直线线形顺直，曲线线形圆滑。

（2）放样一般以两个结构物之间的长度为一个单元，以确保边沟、排水沟与结构物的进出水口顺利连接。

（3）排水沟、截水沟顶面应略低于自然坡面，若遇冲沟应设缺口将水导入截水沟。

（4）人工开挖成型。如采用机械开挖，应防止超挖，留出 5 ~ 10cm 富余，由人工修整成型，确保边沟、排水沟的边坡平整、稳定，严禁贴坡。基坑开挖后，需进行沟底高程复测。

(5)基坑开挖土方应堆置在与开挖边坡顶一侧并予以夯实或运出场外,禁止堆放在排水沟外侧,影响场地的外观及排水效果,或回流至排水沟内影响正常排水。

(6)采用干砌片石铺筑时,应选用有平整面的片石,各砌缝要用小石子嵌紧,采用浆砌片石铺砌时,砌缝砂浆应饱满,沟身不漏水,若沟底采用抹面时,抹面应平整压光。

(7)边沟、排水沟的进出水口,应妥当加固,以防水流冲刷路基。

(8)截水沟出水口一般应设深度不小于1m的截水墙或消能设施,以免出水口在水流作用下冲毁。

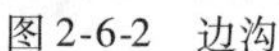

图2-6-2 边沟

图2-6-3 排水沟

4)施工质量

(1)排水设施要求纵坡顺适,沟底平整,排水畅通。

(2)边沟要求线形美观,直线线形顺直,曲线线形圆滑。

(3)构造物要求坚实、稳定。

(4)基础伸缩缝应与墙身伸缩缝对齐。

(5)砌体抹面应平整、压光、直顺,不得有裂缝、空鼓现象。

(6)实测项目参见《公路工程质量检验评定标准　第一册　土建工程》(JTG F80/1—2004)。

6.2.2　跌水、急流槽

(1)施工准备参见本章“边沟、截水沟、排水沟”施工准备。

(2)施工工序同本章“边沟、截水沟、排水沟”施工工序。

(3)施工要点。

①跌水的台阶高度可根据地形、地质等条件决定。

②跌水一般设有消力槛,并设有泄水孔,以便排除消力池内的积水。

③跌水槽一般筑成矩形,当跌水高度不大,槽底纵坡较缓,亦可采用梯形断面,梯形跌水槽身,应在台阶前0.5~1.0m和台阶后1.0~1.5m范围内加固。

图2-6-4　急流槽

④急流槽(图2-6-4)的纵坡,一般不宜超过1:1.5,可用浆砌片(块)石砌筑或水泥混凝土浇筑。

⑤为防止滑动,可在斜坡急流槽背砌防滑平台以阻止下滑。

⑥进水槽和出水槽底部应用片石铺砌,水泥浆勾缝,长度一般不小于10m,个别情况,应在下游铺设厚0.2~0.5m、长2.5m的防冲铺砌。

⑦急流槽很长时,应分段砌筑,每段长度不宜超过10m,接头处以防水材料填缝,密实无空隙。

⑧对于汇水面积较大的开挖边坡急流槽,应考虑加大、加

深急流槽尺寸，并在底部设消能设施后，导入路基排水系统。

(4)施工质量。

①急流槽所用的混凝土及砌筑砂浆强度应满足图纸要求，配合比准确，砌缝砂浆饱满，槽内抹面平整，顺直。

②进口汇集水流设施，出口设备消力槛等应砌筑牢固，不得有裂缝空鼓现象。

③槽内抹面应平顺无裂纹。

④设置坡度应顺直，无折坡现象。

6.3　地下排水(盲沟、渗沟)

6.3.1　施工准备

施工准备见本章“边沟、截水沟、排水沟”施工准备。

6.3.2　施工工序(图2-6-5)

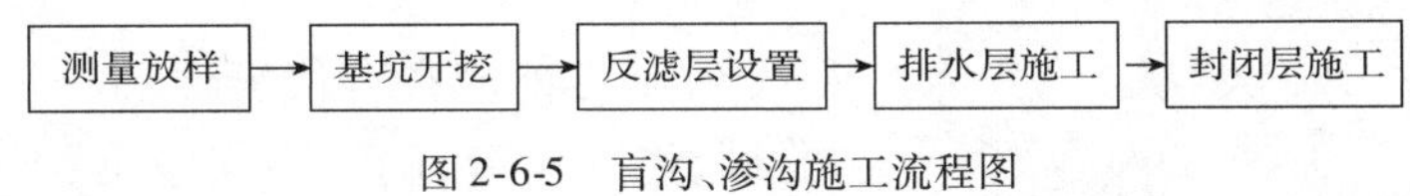

图2-6-5　盲沟、渗沟施工流程图

6.3.3　施工要点

(1)渗沟、盲沟的基坑开挖宜自下游向上游进行，并应随挖随支护和迅速回填，暴露时间原则上应不超过7d，以免造成坍塌。支护渗沟应间隔开挖。

(2)当渗沟开挖深度超过1.5m时，须进行支护。在开挖时自上而下随挖随支护，施工回填时应自下而上逐步拆除支护。

(3)盲沟的埋置深度，应满足渗水材料的顶部(封闭层以下)不得低于原有地下水位的要求。当排除层间水时，盲沟底部应埋于最下面的不透水层上。

(4)当采用无纺土工布作反滤层时，应先在底部及两侧沟壁铺好定位，并预留顶部覆盖所需的土工布，拉直平顺紧贴下垫层，所有纵向或横向的搭缝应交替错开，搭接长度均不得小于40cm。

(5)各类渗沟均应设置排水层、反滤层和封闭层。填石渗沟石料应洁净、坚硬、不易风化，砂应采用含泥量小于2%的中砂，严禁采用粉砂和细砂，渗水材料的顶面(封闭层以下)不得低于原地面水位；洞式渗沟填料顶面宜高出地下水位，顶部应设置厚度大于50cm的封闭层。

(6)渗沟的出水口宜设置端墙，端墙下部留出与渗沟排水通道大小一致的排水沟，端墙排水孔底面跨排水沟沟底的高度不宜小于0.2m，端墙出口的排水沟应进行加固，防止冲刷。

(7)填石渗沟只宜用于渗流不长的地段，且纵坡不能小于1%，出水口底面高程，应高出沟外最高水位0.2m。

6.3.4　施工质量

(1)反滤层应层次分明，出水口应排水通畅。

(2)实测项目参见《公路工程质量检验评定标准　第一册　土建工程》(JTG F80/1—2004)。

7 强夯、冲击碾压

7.1 强夯

7.1.1 一般要求

(1)强夯(图2-7-1)适用于高填方路堤,沙土液化、半填半挖路基及路堤与路堑过渡段。

图2-7-1 强夯

(2)应采取隔振、防振措施,消除强夯对邻近建筑物的有害影响。

(3)施工前应在有代表性的场地上选取一个或几个路段试验区,进行试夯,确定不同地质、不同填料时的最佳夯击能、间歇时间、夯间距等参数。

(4)试夯参数包括:强夯机具型号、夯锤重量、夯锤落距、单点总夯击能(或夯击次数)、夯入度、夯点间距、间歇时间、夯击遍数、有效加固深度、夯击后土体的承载力标准值、压缩模量值或变形模量值等。

(5)夯击次数应按现场试夯得到的夯击次数和夯沉量关系曲线确定。同时满足:最后两击平均夯沉量不大于设计值;夯坑周围不发生过大隆起;不应在夯击过程中发生提锤困难现象。

(6)强夯施工前,必须对拟强夯场地进行整平,保证强夯机就位和夯锤落地平稳。应清除场地上空和地下障碍物。其清除范围为:单击夯击能在800~2 000kN·m时,夯击点距离地上障碍物水平距离应大于20m,距离地下障碍物的水平距离应大于10m,距离空中障碍物的距离应大于18m。当单击夯击能再增大时,上述安全距离应适当增大。当需要在高压线下作业时,必须满足电力部门的相关要求,并加强安全生产防护措施。

(7)施工前,必须对强夯设备进行安装调试,并进行试运转。

(8)强夯前,应将施工测量控制点引至不受强夯影响的稳固地点。

(9)垫层材料应采用透水性好的砂、砂砾、碎石土等。

7.1.2 强夯施工工序

强夯施工工序如图2-7-2所示。

7.1.3 施工要点

(1)强夯前应检查强夯机型号、锤重和落距。

(2)强夯前应对夯击点位置、处理范围等进行放样,并设置明显的标记。严禁边夯击边测量放样。

(3)施工机械应采用带有自动脱钩装置、与夯锤重量相匹配的履带式起重机。中、高能级强夯施工时,起重机宜配门架或采取其他措施,防止落锤时机架倾覆。脱钩器应保证其强度和耐久性。对于细颗粒土应取较小值,锤的底面应对称设置若干个与顶面贯通20~50cm的排气孔。强夯置换锤周边应设排气槽。夯锤重量应有明显的、永久的标志。

(4)必须按照试夯确定的夯击能、夯击遍数、夯点的夯击次数、间歇时间等参数施工。

(5)强夯法施工工艺应根据地基处理要求、地基土类型、经济技术指标等,可采用点夯、复夯、满夯的工艺组合,点夯可一遍完成,也可以隔行或隔行隔点分遍完成。当点夯夯深过大时,应增加一遍复夯,复夯能级可取主夯能级的一半，或按夯坑深度确定。

(6)在每一遍夯击前，应对夯点进行复核，夯完后检查夯坑位置；按设计要求检查每个夯点的夯沉量，检查夯沉量时应在夯锤顶测量，严禁在坑内测量。

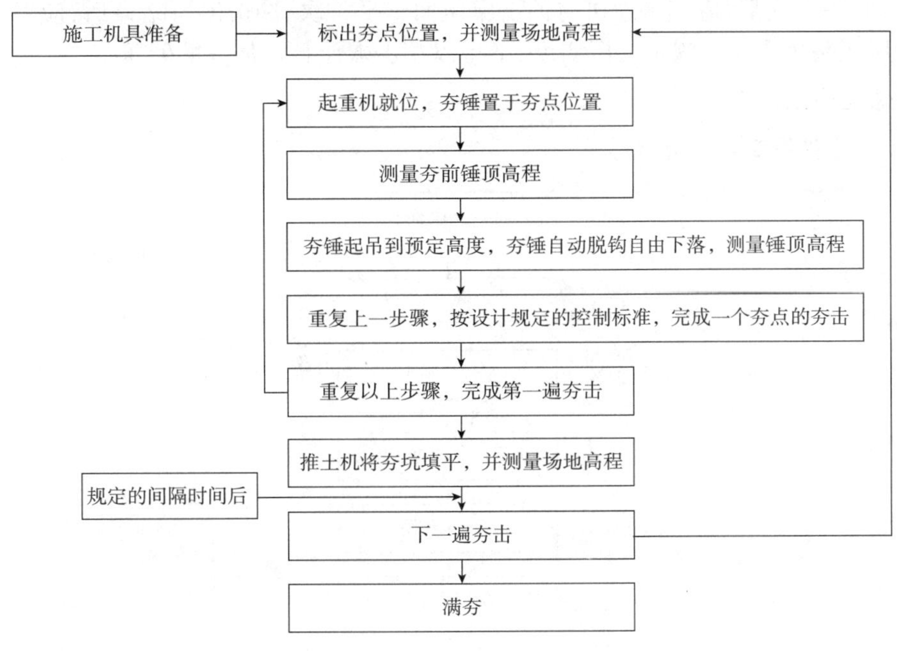

图2-7-2　强夯施工工序图

(7)夯击时要注意安全，驾驶室必须加设防护罩，以防夯击施工中飞石伤人；起锤后现场人员必须远离10m以上并戴好安全帽，严禁在吊臂前站立。

(8)强夯时施工单位必须设专人进行监测。

(9)强夯不宜在冬季施工。

7.1.4　质量控制要点和监理要点

(1)夯点定位允许偏差为±5cm；夯锤就位允许偏差为±15cm，满夯后整平场地，平整度允许偏差为±10cm。

(2)检查夯锤质量、落距、单点夯击次数、间歇时间、夯击遍数等。

(3)检测、记录每个夯点的夯沉量，以及最后两下的夯沉量。

(4)在每一遍夯前，对夯点放线进行复核，夯后检查夯坑位置，防止偏夯或漏夯。

(5)检查置换深度。

(6)强夯施工结束后，应通过标准贯入、静力触探等原位测试，测量夯后的地基承载能力是否达到设计要求。

7.2　冲击碾压

7.2.1　一般要求

(1)冲击碾压(图2-7-3)用于高填方补强处理、软土地基加固处理以及旧路改造工程等情况。

图2-7-3　冲击碾压

(2)冲击碾压施工前应选择有代表性的长度不小于200m的路基进行试验段试验，根据冲击能需要合理选配冲击碾压机械，通过冲击速度、冲击遍数、影响深度、压实度等参数，确定冲击碾压遍数。

(3)冲击压路机行驶2次为1遍，每遍第2次的单轮由第

1 次两轮内边距中央通过;当第 2 遍的第 1 次向内移动 0.2m 冲碾后,即将第 1 遍的间隙全部碾压;第 3 遍再恢复到第 1 遍的位置冲碾,直至达到冲压遍数。

(4)冲击碾压设备应采用 10 ~ 15km/h 冲击速度、25kJ 以上梅花轮冲击压路机。

(5)冲击碾压每 3 ~ 5 遍后,应用平地机对冲击碾压面整平一次;冲击碾压结束后,应对冲击面用平地机整平,再用三轮静压压路机碾压至规定的压实度,不得以冲击碾压替代最终的碾压。

7.2.2　冲击碾压施工工序

冲击碾压施工工序如图 2-7-4 所示。

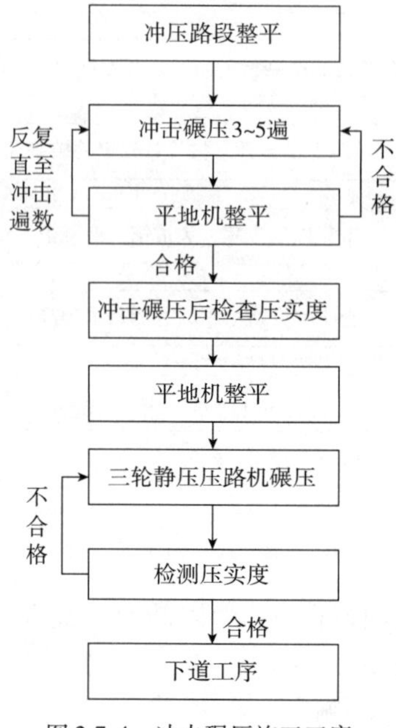

图 2-7-4　冲击碾压施工工序

7.2.3　施工要点

(1)冲击压路机的轮边与构造物应至少保证 1m 的安全距离;桥涵构造物上填土厚度不少于 2.5m 时才能使用冲击压路机。冲击碾压时,应观察构造物情况,如有异常,应立即停止施工。

(2)若有弹簧现象,应采取措施处理后才可以继续冲压。

(3)冲击压路机转弯区域及冲压边角,应采取措施压实。

(4)路段长度偏短,不足以让冲击压路机达到正常的冲压速度时,应采取处理措施。

(5)相邻两段冲击碾压段的搭接长度不应小于 15m。

8 路基边坡防护与支挡工程

8.1 一般要求

8.1.1 根据开挖坡面地质水文情况逐段核实路基防护设计方案,进行动态设计。

8.1.2 防护工程中所用片石的最小断面尺寸应不小于15cm,且强度不小于30MPa。严禁采用风化岩石。

8.1.3 勾缝统一采用宽度为10mm、深度为5mm的凹缝。

8.1.4 其他要求需满足《公路路基施工技术规范》(JTG F10—2006)。

8.2 边坡工程防护

8.2.1 浆砌片石(混凝土预制块)防护

(1)浆砌片石(混凝土预制块)防护施工工序如图2-8-1所示。

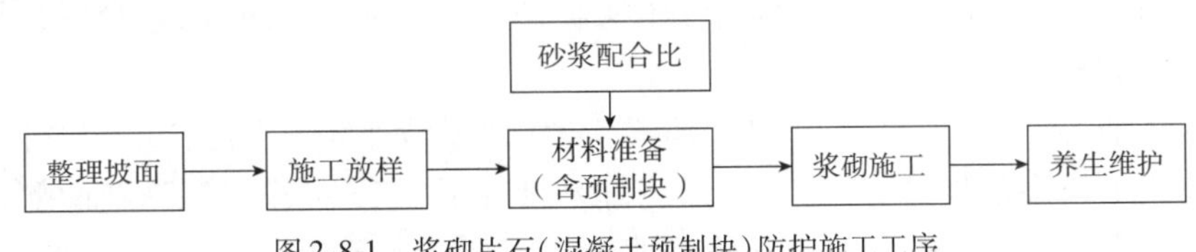

图2-8-1 浆砌片石(混凝土预制块)防护施工工序

(2)浆砌片石(混凝土预制块)防护施工要点。

①路堤边坡防护在完成刷坡后由下往上分级砌筑,开挖边坡防护的砌筑应在每级边坡完成后由下往上砌筑。路堤边坡防护应在路堤沉降稳定后施工。

②砌筑前,坡面应整平、压实,凸出部分人工凿除,低洼处用浆砌片石找平。

③砌筑石料表面应干净,无风化、裂缝和缺陷,石料应符合设计和施工规范要求;砌筑时应平铺卧砌,石料的大面朝下,坡脚坡顶等外露面应选用较大的石块,并加以修整,如图2-8-2所示。

④混凝土预制块统一集中预制。预制场地应按照工地建设标准化相关规定布置。预制块防护必须采用嵌入式槽防护(在坡面开挖槽),必要时打入支撑钢筋,防止预制块移位,不得在防护后回填土石方。坡面找平宜采用厚度不小于10cm厚的碎石或砂砾垫层。预制块应错缝砌筑。

⑤所用砂浆必须由项目部统一安排集中拌和供应,砂浆应保持适宜的和易性和流动性,随拌随用,使用时必须放置在钢板上。

⑥砌筑时,砂浆应饱满密实,采用坐浆挤密施工;做到接缝交错、坡面平整、勾缝严密、养护及时。

⑦进行路堤边坡预制块铺砌时,铺砌层的砂砾垫层材料粒径一般不应大于50mm,含泥量不宜超过5%。垫层应与铺砌层配合铺砌,随铺随砌;铺砌时应分段施工,按图纸要求设置伸缩缝、沉降缝,并做好泄水孔,如图2-8-3所示。

⑧砌筑骨架时,应先砌筑衔接处,再砌筑部分骨架;骨架底部和顶部以及两侧范围内,应镶边加固,骨架应嵌入坡面,与坡面密贴。骨架完成后应及时种草或铺种草皮,骨架流水面应与草皮表面平顺。

⑨勾缝应采用凹缝,勾缝前冲洗干净,砂浆嵌入缝中与石料牢固结合。

(3)质量控制要点参照本部分第6章“边沟、截水沟、排水沟”执行。

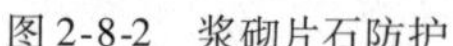

图 2-8-2　浆砌片石防护

图 2-8-3　预制块防护

8.2.2　护面墙防护

(1)护面墙防护施工工序同本章“浆砌片石(混凝土预制块)防护”施工工序。

(2)护面墙防护施工要点。

①修筑护面墙前,应清除边坡风化层至新鲜岩面。对风化迅速的岩层,清挖到新鲜岩面后应立即修筑护面墙。

②坡面应平整密实,线形顺直。局部有凹陷处,应挖台阶后采用与墙身相同的圬工找平,不得回填土石或干砌片石;施工时,应采用立杆挂线或样板控制。

③墙基应坚固可靠,当地基软弱时,采取相应的措施进行处理。

④墙面及两端应砌筑平顺,反滤层与坡面贴合密实。墙顶与边坡间的缝隙应密封;局部边坡镶砌时,应砌入坡面,表面与周边应平顺衔接。

⑤按设计要求设置伸缩缝和泄水孔,泄水孔位置应有利于泄水流向路侧边沟和排水沟,并保持顺畅。当有潜水露出且边坡流水较多的地方,应引水并适当加密泄水孔。伸缩缝和沉降缝两侧壁应顺直、齐平,无搭接。

⑥石质、砂浆拌和、砌筑工艺及砌体养生同本章“浆砌片石(混凝土预制块)防护”相关规定。

8.3　挡土墙

8.3.1　基坑开挖和检验

(1)基坑开挖应进行详细的测量定位并标出开挖线,做好施工区域范围的截、排水及防渗设施,边坡稳定性差且基坑开挖较深时,应分段跳槽开挖,并采取临时支挡防护或放缓坑壁边坡坡度。

(2)基坑开挖至设计高程,进行基底承载力及埋深检测,基底平面位置、断面尺寸、基底高程、埋深等满足设计要求后,方可进行下道工序施工。若基底承载力达不到设计要求,应报监理工程师进行变更设计处理。

(3)坑内积水应随时排干,确保基坑不受水浸泡。

8.3.2　挡土墙基础

(1)基础的埋深、几何尺寸应符合设计及规范要求。

(2)岩体破碎或土质松软、地下水丰富的地段,宜避开雨季分段施工。

(3)基础设计有倒坡时,应按设计一次开挖成型,不得欠挖和超挖填补。

(4)基础位于岩体斜坡上时,应清除表面风化层,横向凿成台阶;沿墙长度方向有纵坡时,应沿纵向按设计及规范要求凿成台阶。

(5)基础应设置伸缩缝和沉降缝,同时在地质变化分界处应增设沉降缝。

(6)砌筑第一层基础时,如基底为岩石时应先清洗、湿润基底表面,再坐浆砌筑或浇筑混凝土。

8.3.3　挡土墙墙身

(1)浆砌片(块)石挡土墙砌筑时必须立杆或样板挂线,内、外坡面线应顺适整齐,逐层收坡,在砌筑过程中应经常校正线杆,以保证砌体各部尺寸符合设计要求。

(2)石料抗压强度应不小于设计规定,石质均匀、无风化、无裂纹,镶面石外露面及两个侧面、上下面须修凿,做到缝宽一致、整齐美观。

(3)砌筑墙身时,应先将基础表面加以清理、湿润,采用坐浆挤浆砌筑。若砌筑中断再次砌筑时,应将砌层表面加以清理、湿润。

(4)砌筑上层时,不应扰动下一层,不得在已砌好的砌体上抛掷、翻转和敲击石块。

(5)挡土墙应分段砌筑,分段位置宜在伸缩缝或沉降缝处,各段水平缝应一致,相邻分段的高差不宜超过120cm。

(6)在地质变化处必须设置沉降缝,伸缩缝和沉降缝要求垂直、上下贯通,不得错缝,缝隙用沥青麻絮等弹性材料填塞,深度为15cm。

(7)挡土墙在砌筑过程中,必须按设计要求设置泄水孔,泄水孔设置如图2-8-4所示。并在墙背进水孔设置反滤层,第一排泄水孔应高于边沟底30cm,最低一排泄水孔应高出常水位30cm。为保证泄水孔有效,泄水孔宜采用PVC管埋置。

(8)砌体石块应互相咬接,砌缝砂浆饱满,砌缝宽度一般不大于3cm浆砌块石,上下层错缝不小于8cm;砌筑时,一般应先砌角石,再砌面石,最后砌填腹石的顺序进行。

(9)砌体砂浆强度达到设计强度的75%时,方可进行墙背回填。

图2-8-4　泄水孔设置

8.4　边坡锚固防护

8.4.1　一般要求

(1)破碎且不平整的边坡,必须将松散的浮石和岩渣清除,用浆砌片石填补空洞,对坡面缝隙进行封闭处理。边坡修整后应平整、密实。

(2)边坡开挖和钻孔过程中,对岩性及构造进行编录和综合分析,与设计相比出入较大时,报监理工程师审批。

(3)修整边坡的弃渣应按有关规定堆放,不得污染环境。

(4)浇筑混凝土时,模板应加支撑固定。

8.4.2　锚杆框架施工

(1)锚杆框架施工工序如图2-8-5所示。

(2)锚杆框架施工要点。

①锚孔位置及框架应精确定位,并挖出竖梁、横梁肋轮廓,坡面必须刻槽,深度满足设计要求。

②锚孔钻进应采用无水干钻,以防因钻孔施工使坡体地质条件恶化。

③钻孔过程应有专人负责,对地质情况及钻进情况详细记录,如与设计不符,须立即停钻并及时反馈,采取措施。

④钻孔结束后应用高压风进行清孔,孔壁不得有黏土或粉砂。

⑤框架模板拼装应平整、严密,净空尺寸要准确,符合设计要求。模板表面应刷隔离剂,便于脱模。浇筑混凝土时,模板应加支撑固定。

⑥框架应分片施工,每片由2～3根立柱及其横梁、顶梁组成。相邻框架接触处应预留2cm宽的伸缩缝,用与框架端头尺寸一致的浸沥青木板填塞。

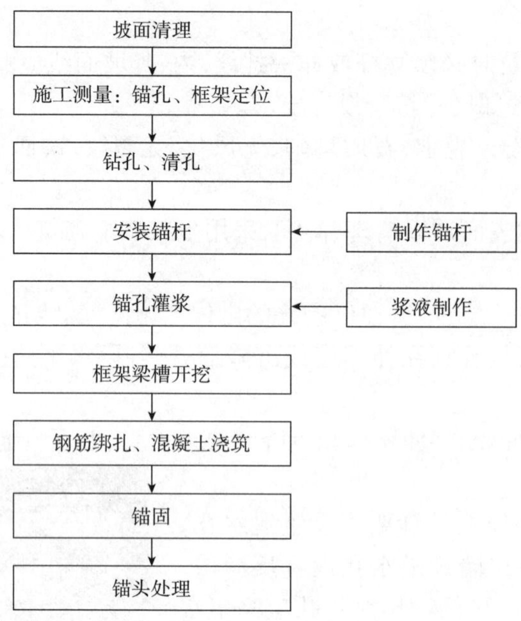

图 2-8-5　锚杆框架施工工序

(3)质量控制要点和监理要点。

①孔位、孔径和倾角等应符合设计要求。

②锚杆框架外观应顺直、美观、无麻面,混凝土强度符合设计要求。

③钢筋制作与安装应符合《公路桥涵施工技术规范》(JTG/TF50—2011)的规定。

④检查施工记录,检测锚索(杆)拉拔力和长度。

9 涵　　洞

9.1 一般要求

9.1.1 分项工程开工报告得到批复;所需的机械设备、人员进场到位,并进行技术交底和验收。施工现场的安全、环保等标示牌应齐全。

9.1.2 混凝土不允许现场拌和,必须采用厂站集中拌和。

9.1.3 不得超挖,超挖部分不得回填虚土,必须采用经监理工程师批准的回填工艺,回填处理时监理人员需旁站。

9.1.4 洞口浆砌工程与涵洞混凝土主体的衔接,接缝垂直、宽度上下统一为2cm,填塞沥青玛蹄脂等具有弹性和不透水性材料,并应填充密实。

9.1.5 块石砌筑的八字挡墙顶应采用块石加工后封顶,不宜采用砂浆抹面。

9.1.6 开挖基坑前应复核涵洞的设计位置、角度等是否与实际相符,如有不符立刻上报有关部门。

9.1.7 涵洞应每隔4~6m设置一道沉降缝,采用沥青麻絮等符合要求的填料填塞,必须塞满填实,并保证其竖直、宽度一致。基底应与30cm高的墙体一次浇筑完成。

9.1.8 涵洞用模板需用面积不小于1.5m^2的钢模,模板必须采取准入制。

9.2 圆管涵

9.2.1 施工工序

圆管涵施工流程图如图2-9-1所示。

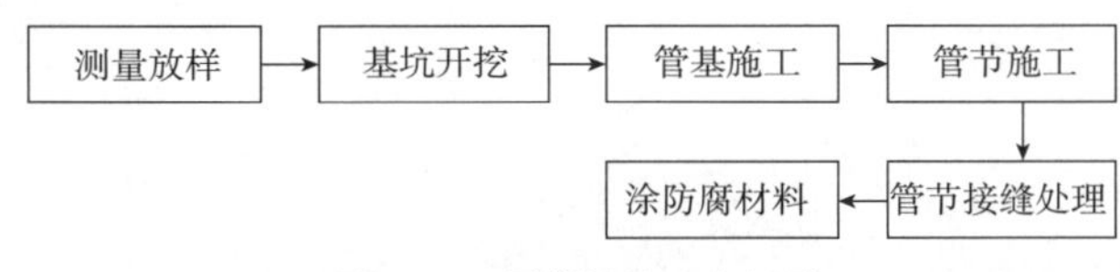

图2-9-1　圆管涵施工流程图

9.2.2 施工要点

(1)圆管涵基坑的开挖应采用机械开挖。基坑开挖前放出基坑的开挖线作为标志。开挖时测量人员及时检测,机械基底开挖后的高程应比设计高出10~20cm,采用人工开挖整修。

(2)圆管涵管节端面应平整并与其轴线垂直,斜交管涵进出口管节的外端面,应按斜交角度进行处理。

(3)管节在运输、装卸过程中,应采取防碰措施,避免管节损坏。

(4)基坑开挖后,必须根据地质情况,采用轻便触探仪检测基底承载力,符合设计要求方可进行下道工序的施工。

(5)各管节应顺流水坡度安装,当管壁厚度不一致时应调整高度使内壁齐平,管节必须垫稳坐实,管道内不得遗留泥土等杂物。

(6)对插口管,接口应平整,环形间隙均匀,并应安装特制的胶圈封闭,不得有裂缝、空鼓漏水等现象;对平接管,接缝宽度应不大于10~20mm,用沥青、麻絮等防水材料填塞,禁止用加大接缝宽度来满足涵洞长度要求。接口表面应平整,并用有弹性的不透水材料嵌塞密实,不得有间断裂缝、空鼓和漏水等现象。

(7)用于灌溉、水电设施的管涵,进水口管涵底高程应低于渠道高程(1/5~1/4)R(R为圆管涵半径)。

9.2.3 施工质量

(1)洞身顺直,进出口、洞身、沟槽等应衔接平顺,无阻水现象。

(2)帽石、一字墙或八字墙应平直,与路线边坡、线形匹配,棱角分明。

(3)涵洞处路面,应平顺,无跳车现象。

(4)外露混凝土表面,应平整,颜色一致。

(5)实测项目参见《公路工程质量检验评定标准　第一册　土建工程》(JTG F80/1—2004)。

9.3 倒虹吸

9.3.1 施工工序

倒虹吸施工流程图如图2-9-2所示。

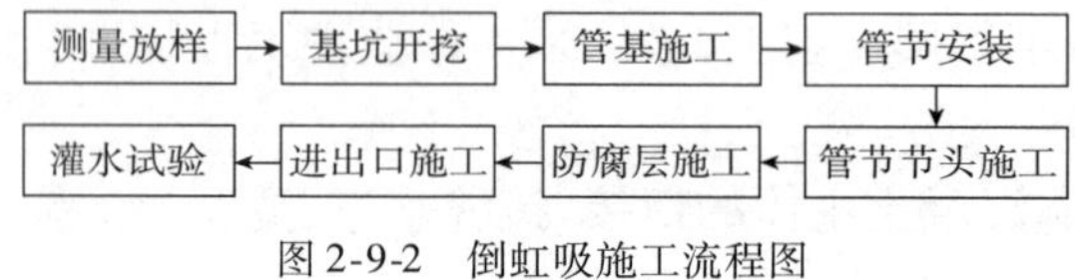

图2-9-2　倒虹吸施工流程图

9.3.2 施工要点

(1)倒虹吸管施工与圆管涵的施工要点基本一致,但在管节之间的接缝应重点处理。

(2)倒虹吸在填土覆盖前必须做灌水试验,符合要求后,方可填土。

(3)倒虹吸管采用钢筋混凝土或混凝土圆管,进出水口必须设置竖井,包括防淤沉淀井。施工时管节接头及进出水口砌缝应特别严格,不漏水。填土覆盖前应做灌水试验,符合要求后,方可填土。

(4)倒虹吸管如需在冰冻期施工时,应在冰冻前将管内积水排出,以防冻裂。

(5)倒虹吸管的进出水口应在竣工后及时盖上。

9.3.3 施工质量

倒吸虹施工质量参见《公路工程质量检验评定标准　第一册　土建工程》(JTG F80/1—2004)。

9.4 盖板涵

9.4.1 施工工序

盖板涵施工流程图如图2-9-3所示。

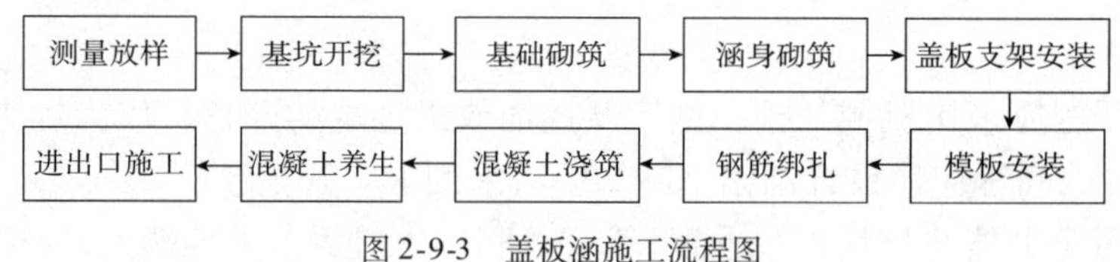

图2-9-3　盖板涵施工流程图

9.4.2 施工要点

(1)盖板涵的墙身施工应采用钢模,且钢模的面积不小于1.5m^2。

(2)盖板涵的基坑开挖应采用机械开挖,人工配合成型。挖掘机开挖距基底高程5~10cm,人工修整基底确保不扰动基底地质土层。

(3)在开挖基坑时一般在基坑两侧留出临时排水沟,以降低基坑水位,以免让地表水或地下水浸湿基底土质。

(4)基坑开挖完后应采用轻便触探仪或其他有效方法检测基底承载力,在基底承载力符合设计要求的情况下，进行下一道工序的施工。

(5)盖板涵的基础、涵身如采用片块石砌筑，砌筑施工应严格按照砌体的有关规范要求进行。

(6)盖板涵的盖板施工分为先预制后安装以及就地现浇等多种办法。采用预制的办法必须使预制板的长度与现场的沉降缝位置严格对应。就地现浇法的关键是搭设的支架必须有足够的强度和刚度，同时现场采用泡沫板隔开沉降缝，浇筑时可"跳节"施工，以便沉降缝处模板的加固，确保沉降缝顺直。

(7)盖板混凝土浇筑完成后必须及时养生，同时做两组试块与其同条件养生，强度达到设计规范要求时方能拆除支架。

(8)盖板涵沉降缝的处理均应采用沥青麻絮处理，必须塞满填实。

9.4.3　施工质量

(1)见本章"圆管涵"施工质量所述内容。

(2)混凝土表面，应平整，棱线顺直，无严重啃边、掉角。

(3)蜂窝、麻面面积不得超过该面面积的0.5%，混凝土表面出现非受力裂缝宽度不得超过0.1mm。

(4)板的填缝，应平整密实。

9.5　箱形涵洞

9.5.1　施工工序

箱形涵洞施工流程图如图2-9-4所示。

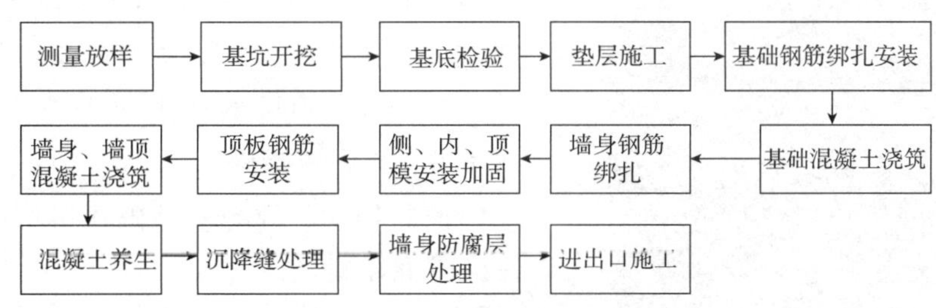

图2-9-4　箱形涵洞施工流程图

9.5.2　施工要点

(1)基底开挖要求见本章"圆管涵"施工要点(1)、(5)。

(2)在浇筑底板混凝土之前，应清除基底上的杂物，然后按图纸立模板，绑扎钢筋，浇筑混凝土，如图2-9-5所示。

图2-9-5　箱形涵洞浇筑

(3)底板混凝土强度达到设计强度的70%后，方可在底板上立模浇筑侧板及顶板。

(4)涵洞按沉降缝的位置分成几个单元进行浇筑，以利于侧墙沉降缝处模板的加固，确保沉降缝顺直。

(5)涵洞的侧墙、顶板模板架设支架采用满堂式支架，一般采用门型支架或碗扣式支架搭设，必须保证有足够的强度和刚度，且脚手架采用准入制。对于现浇模板拉杆，应采用PVC套管，拆模后拉杆应予以拔除，模板严禁整体拆装。

(6)内模板的接缝采用腻子处理，模板接缝应确保平整，要求选用大面积胶合板，减少混凝土的接缝，保证外侧质量。

(7)沉降缝必须按图纸规定填塞嵌缝或采用监理工程师批准的加氟化钠等防腐掺料的沥青浸过的麻絮或纤维板紧密填塞，并用有纤维掺料的沥青嵌缝膏或材料封缝。

(8)沉降缝处应加铺抗拉强度较高的卷材，如沥青玻璃纤维布或油毡，加铺的层数及宽度按图纸所示。

(9)涵洞混凝土顶板侧板外表面上在填土前应涂刷沥青胶结材料,以形成防水层。

9.5.3 施工质量

箱形涵洞施工质量详见本章“盖板涵”施工质量。

9.6 涵洞拼接

9.6.1 地基处理

(1)软土地段必须按照设计要求先进行地基处理。若采用水泥搅拌桩处理时,必须待搅拌桩达到设计强度后再做垫层和基础,垫层材料可用碎石,并确保垫层的压实度满足规范要求。

(2)非软土地段,须测定土基的承载力,承载力不足时,按设计文件实施。

9.6.2 洞口拆除

(1)涵洞拼接前应将洞口的一字墙、八字墙、锥坡、洞口铺砌、挡水墙等原有构筑物拆除。

(2)拆除洞口构筑物可采用切割、凿除等方法,严禁使用爆破法或不当的锤击,避免对涵洞结构造成破坏。

(3)填土高、孔径大的暗涵,拆除洞口结构物时,应兼顾洞口两侧路基的稳定性。对于存在病害的暗涵,必要时要采取临时支护,确保洞口拆除时的结构安全和施工安全。

图 2-9-6 涵洞拼接施工

9.6.3 临时排水

(1)涵洞自身排水,宜采用堵排结合的方法,采用封闭式排水措施,不得出现漏水浸泡基坑的现象。

(2)有条件改道排水时,应防止水浸泡地基的现象。

9.6.4 箱涵拼接施工

(1)原有箱涵的混凝土基础在拼接施工(图 2-9-6)前凿开,并设置沉降缝。

(2)应采用大块模板拼装施工,单块模板面积大于 1.5m^2,模板拼装缝隙要求平整、紧密、不漏浆,宜采用防水胶泥围缝。

(3)老箱涵洞口一字墙拆除后外露的钢筋头应涂一层水泥浆,防止钢筋锈蚀。

(4)第 1 次浇筑底板和侧墙 30cm,强度达到 70% 后进行第 2 次浇筑并 1 次完成。

9.6.5 倒虹吸拼接

(1)进出口铺砌确保不渗漏,保证水渠边坡稳定。

(2)应进行灌水试验,检查其渗漏情况。

9.6.6 施工要点

(1)对可利用的涵洞进行技术状况复核。

(2)涵洞两侧回填和路堤同步,防止出现单侧偏压。

(3)洞口铺砌应适当延伸,与地方水系顺接,或与路基排水边沟顺接。

(4)在边坡两侧适当位置可设置临时急流槽,将路面水排到线外临时边沟。

(5)尽量避免在雨季和农田灌溉高峰期进行涵洞拼接施工。

10 冬、雨季施工

10.1 一般要求

冬、雨季施工应满足《公路路基施工技术规范》(JTG F10—2006)的规定。

10.2 冬季施工

10.2.1 冬季施工温度要求

(1)当昼夜平均气温连续3d低于5℃时,或者最低温度低于-3℃时,施工应按照《公路路基施工技术规范》(JTG F10—2006)第6.9节有关冬季施工的规定执行,并编制冬季施工组织计划。

(2)根据工程所在地的气象资料,冬季的长短,气温的高低,安排一些对气温影响不大的分项工程施工,并保证工程质量。

10.2.2 冬季施工准备

(1)安排冬季施工项目,编制冬季施工技术措施和方案,考虑现浇混凝土的防冻及浇筑混凝土前清除雪、冰等措施。

(2)准备冬季施工保温材料和混凝土、砂浆的早强抗冻外加剂。

(3)做好生活用房、作业棚以及搅拌站的防寒保温及供水管网、热力管网的防冻保温和供热。对敷设大量保温材料,生火取暖等易发生火灾场所应准备好必要的消防器材,防止火灾发生。

(4)组织冬季施工培训,学习冬季施工的有关规范规定建议及技术操作,进行冬季施工防火、防冻、防煤气中毒等安全教育,提高职工冬季施工安全意识,建立有效的规章、责任和值班制度。

10.2.3 冬季施工的管理

(1)在制定冬季施工方案过程中,会同监理、设计单位对冬季施工进行专门审查,对已批准的冬季施工方案认真贯彻执行。

(2)施工现场有专人负责测温,测试数据应真实可靠。

(3)测温人员应经常与供热、保温人员联系,如发现有异常情况会同有关人员立即处理。

(4)外加剂的存放保管、掺加应有专人负责,认真做好记录。

10.3 雨季施工

10.3.1 雨季施工前,应根据现场具体情况确定可进行雨季施工地段,按照《公路路基施工技术规范》(JTG F10—2006)第7.3节有关雨季施工的规定执行,并编制雨季施工组织计划。

10.3.2 做好施工场地周围防洪、排水工作,疏通现场排水沟,准备充足的排水机具。准备好雨季施工材料及防护材料,对于机电设备和电闸应采取防雨、防潮等措施,并按要求做好接地保护装置,以防漏电、触电。临时设施充分考虑防雨要求,施工便道、排水系统安排专人维护;雨季应定期进行专项检查,对现场机械设备停放做出安排,确保施工不受突发雨患影响并造成直接经济损失。

10.3.3 为保证施工质量及施工安全,在零填挖方路基施工中,根据雨水情况应合理安排工程项目和进度。对边沟、截水沟、排水沟及弃土堆的整理等,应在雨季前完成。应修建临时排水设施,保证雨季作业的场地不被洪水淹没,并能及时排除地面水。

10.3.4 低洼地段和高填深挖地段的土质路基、工程地质不良的路段以及排水困难路段,不宜安排雨季施工。

10.3.5 雨季填筑路堤施工时,应注意填料的选择。宜选用透水性的碎石、卵石、砂砾、石方碎石和砂类土作填料。

10.3.6 雨季施工时,取土、运土、铺填、压实等各道工序应连续进行,雨前应及时完成已填筑完毕的土层,并做成2%~4%的横坡度,按要求设置挡水埝集中排水。

10.3.7 应每天了解当地的天气变化情况,合理组织土方施工。运料车卸料后推土机应及时跟上,推平距离够平地机工作时,平地机应尽快展开;遇到阴雨天气时,应及时碾压封住路基顶面。

11　路基整修与交工验收

11.1　一般要求

11.1.1　路基工程填筑完成后，方可对路基边坡进行整修。

11.1.2　路基工程施工过程中所产生的建筑垃圾应清除完毕。

11.1.3　对路堤边坡的冲刷、开挖边坡的滑塌等病害的处置，应先开挖成台阶，再按路基施工要求分层夯实。

11.1.4　路基工程验收时路床顶面弯沉代表值不得大于设计值。对于填石、砂砾路基可采用承载板试验验证路基设计回弹模量。

11.2　路堤整修

11.2.1　整修要点

(1)填土路堤应用机械刮土或补土的方法整修成型，配合压路机碾压。补填的土层压实厚度应不小于150mm，压实后表面应平整，不得松散、起皮；石质路基表面应用石屑嵌缝紧密、平整，不得有坑槽和松石。

(2)测量放样，撒白灰标识出路堤两侧设计宽度。

(3)边沟整修应挂线进行。

11.2.2　质量要求

(1)各实测项目满足《公路工程质量检验评定标准　第一册　土建工程》(JTG F80/1—2004)和《公路路基施工技术规范》(JTG F10—2006)规定的要求。

(2)整修后的坡面应顺适、美观、牢固，坡度符合设计要求，不得亏坡。取土坑、护坡道应整齐稳定。

(3)永久性排水系统的沟、槽，表面应整齐，沟底平整，排水畅通不渗漏；临时排水设施应与现有沟渠连通。

11.3　挖方路基整修

11.3.1　整修要点

(1)土质路基路床应用人工和机械配合整修成形。

(2)深挖路基边坡整修应按设计要求的坡度，自上而下进行刷坡。

(3)在整修加固坡面时，应预留加固位置。

(4)边沟整修应挂线进行。

(5)石质开挖边坡如出现过量超挖，应用浆砌片石填补超挖坑槽。

11.3.2　质量要求

(1)各实测项目满足《公路工程质量检验评定标准　第一册　土建工程》(JTG F80/1—2004)和《公路路基施工技术规范》(JTG F10—2006)规定的要求。

(2)开挖边坡坡度不低于设计要求，坡面平顺稳定，不得亏坡，石质边坡无险石、悬石和浮石。

11.4 交工验收

11.4.1 交工验收前应恢复施工段内的导线点、水准点,以及验收中要求和可能需要的标志桩。

11.4.2 交工验收前应按照《公路路基施工技术规范》(JTG F10—2006)及《公路工程质量检验评定标准 第一册 土建工程》(JTG F80/1—2004)的要求进行自检,自检合格后,编制符合要求的交工资料,申请进行交工验收。

11.4.3 需要进行监测的项目,应按要求继续进行跟踪监测。

11.4.4 交工验收前,应对所有可能引起的隐患进行全面排查和清除。

第三部分　工程管理标准化

1 总　　则

1.1 目的及适用范围

1.1.1 目的

为规范邯郸市干线公路建设管理,严格执行法律法规和技术标准规范,健全管理制度,优化管理流程,提升建设理念,提高工程质量和安全生产,推行现代工程管理,特制定本指南。

1.1.2 适用范围

本指南适用于邯郸市干线公路建设项目。

1.2 编制依据

1.2.1 国家、交通运输主管部门发布的与工地建设、公路工程施工有关的法律法规及相关文件、标准、规范、规程和指南。

1.2.2 《关于开展高速公路施工标准化活动的通知》(交公路发〔2011〕70 号)。

1.2.3 《公路工程质量检验评定标准　第一册　土建工程》(JTG F80/1—2004)。

1.2.4 《公路工程施工安全管理手册》。

1.2.5 《公路工程施工监理规范》(JTG G10—2006)。

1.3 主要内容

本指南共分 9 章,分别为总则、建设单位管理要求、设计单位管理要求、监理单位管理要求、施工单位管理要求、工程技术管理、工程施工管理、首件工程认可制及信息化管理。

2　建设单位管理要求

2.1　组织机构

2.1.1　机构设置

建设单位派驻现场负责项目建设管理的项目管理办公室，简称项目办，其机构设置如图3-2-1所示。

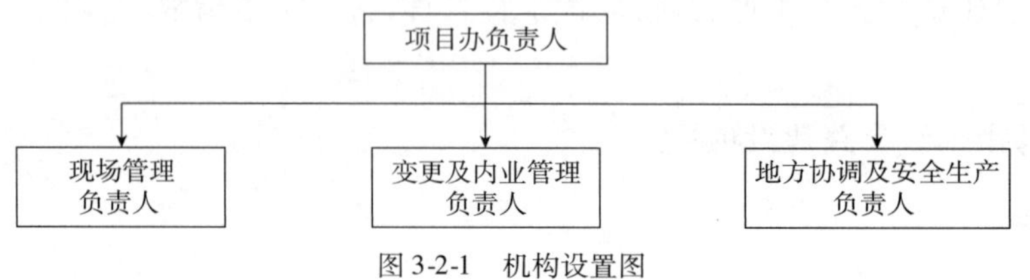

图3-2-1　机构设置图

2.1.2　人员配置及要求

项目办负责人：由工程管理处任命负责本项目管理的项目工程师担任，具有中级以上专业技术职称，具备2个及以上干线公路项目的建设管理经历，负责本工程的全面管理工作。

现场管理负责人：熟悉、掌握公路工程技术标准、规范和规程，具备2个及以上干线公路项目的技术管理经历，负责对项目施工现场的工艺、质量、安全等方面进行监督管理。

变更及内业管理负责人：熟悉、掌握公路工程技术标准、规范和规程，具备2个及以上干线公路项目的技术管理经历，负责对项目建设过程中产生的各项变更进行初步审核、上报工作。

地方协调及安全生产负责人：熟悉、掌握公路工程技术标准、规范和规程，具备2个及以上干线公路项目的技术管理经历，负责协调项目建设过程中与当地政府的各种地方问题，负责项目安全生产巡检监督工作，配合完成各项安全生产管理工作。

2.1.3　项目工程师要进驻施工一线，抓好现场管理。对出现问题做到"三不放过"：问题不查清楚不放过，对有关责任单位和责任人处理不到位不放过，整改措施不到位不放过。

2.1.4　工程建设项目开工前，项目法人要严格履行工程建设程序，及时办理项目法人核备、施工许可、质量监督、安全监督等手续。

2.1.5　工程项目实施管理过程中，各部门认真履行职责，制定配套管理制度文件，认真传达、落实上级文件；建设期间要加强合同管理，督促设计、施工、监理等单位认真履行合同。

2.1.6　项目管理机构负责审核开工报告、监理规划和实施细则等技术方案的可行性、合理性和完备性。

2.1.7　对重大及技术难度大的设计变更必须组织专家召开方案论证会。

2.1.8　对质量存在疑义的工程，建设单位应委托具有相应资质的检测单位予以复查。

2.1.9　工程费用的控制和利用。工程建设资金规模大，建设单位应合理利用，确保资金的使用效率。

(1)及时审核经监理工程师签认的工程计量，建设单位应根据工程进度和计量编制资金拨付计划并上报上级部门；及时审核合同结算价；及时编制工程竣工决算。

(2)工程款应专款专用，不得用于专项工程以外的其他项目，安全生产费用按照《邯郸市公路工程安全生产费用管理暂行规定》的相关要求进行管理。

(3)加强项目变更管理,按权限履行变更审批手续,经审查批准的设计变更项目,其费用应纳入决算。

(4)业主对农民工工资发放进行监管,在工程计量中实行农民工工资保证金制度,确保农民工工资按时发放。

2.1.10　按照《邯郸市交通运输系统建设项目跟踪审计实施办法》及《邯郸市交通运输系统内部审计工作实施办法》的相关规定,对建设项目进行审计工作。

2.1.11　建设单位应大力推广新技术、新材料、新工艺的应用,开展创新技术的研发,大胆探索,能够与设计单位和试验检测单位联合开发新型材料,或者新型的施工工艺,探索适合本地区的材料和工艺。

2.1.12　建设单位应加强信息化管理,充分利用网络和信息技术采集、传递、发布信息,提高管理效能和管理水平。

2.2　项目建设程序

2.2.1　编制项目建议书

编制项目建议书,并按规定程序报批。

2.2.2　编制工程可行性研究报告

充分论证建设的必要性;结合路网规划、交通量、环保、节约用地、投资等要素合理确定路线方案、建设规模和技术标准,按照工程可行性报告编制要求完成相关行业意见后报河北省发改委;河北省高速公路网项目由河北省发改委审批,国家高速公路网项目由国家发改委审批。

2.2.3　项目法人备案

按照《交通运输部关于进一步加强公路项目建设单位管理的若干意见》(交公路发〔2011〕438 号)中的项目法人资格标准,报邯郸市交通运输局基建处备案。

2.2.4　初步设计审批

项目法人完成初步设计审查后,及时上报河北省交通运输厅;河北省交通运输厅组织专家及有关部门进行审查,并下发修改意见;项目法人根据河北省交通运输厅的修改意见完善初步设计后上报河北省交通运输厅,河北省交通运输厅出具行业审查意见。

2.2.5　施工图审批

施工图由河北省交通运输厅审批,具体由交通运输厅公路管理局主办。

2.2.6　招标投标管理

(1)建设单位资格经备案同意后作为项目招标人可以实施项目的招标工作。

(2)依据《中华人民共和国招标法》等法律、法规,确定建设项目的招标范围,包括勘察设计、主体施工及监理、附属工程、甲供材料及设备的采购等。

(3)取得河北省发改委招标方案的核准后,依据河北省交通运输厅有关规定通过比选确定招标代理机构。

(4)项目可行性研究经批准后可以开展项目的勘察设计招标工作,因特殊情况需要在可行性研究批准前开展招标的,应取得项目审批部门的书面同意。项目初步设计批复后且建设资金已落实,方可开展土建施工的资格预审工作;施工图批复后方可进行项目施工的招标工作。

(5)结合项目特点,按照交通运输部《中华人民共和国标准施工招标资格预审文件》和《中华人民共和国标准施工招标文件》及河北省交通运输厅相关规定编制招标项目的资格预审文件和招标文件。结构比较复杂或规模较大的项目,招标文件应该经过专家评审后方可发售。资格预审文件和招标文件中不得以不合理的条件限制、排斥潜在投标人或投标人,不得对潜在投标人或投标人实行歧视待遇。

(6)按照国家有关法律法规及规定实施开标、清标、评标和定标,评标专家根据招标项目级别从交通运输部评标专家库或河北省统一评标专家库随机抽取,其专业应满足项目评标的需求,未在资格预审文件和招标文件明确的标准和条款不得作为评标的依据。招标人应按照评标委员会推荐的中标候选人次序确定中标人,与中标人签订的合同协议不得背离招标文件的实质性内容。

(7)招标人应规范招标有关资料的备案,在规定的时限内将资格预审文件、招标文件(含补遗书)、评标报告、合同协议等按项目管理权限报相关部门备案。

(8)加强源头管理,加强招标文件编制和备案。以提高招标文件编制质量为重点,科学、严密设置条款,保证公平、公正,避免投标人钻空子,也要防止招标人滥用权力,设置"霸王"条款,损害投标人权益或为特定投标人量身定做条款。择优选择从业单位与供应商。

(9)落实工地标准化、施工标准化、管理标准化和精细化、信息化管理,并对存在的各种风险都要制定明确的预案。

2.2.7 施工许可

依据《交通运输部关于实施公路建设项目施工许可工作的通知》(交公路发〔2005〕258 号)的具体规定办理施工许可。

(1)具备以下条件:

①项目已列入公路建设年度计划。

②施工图设计文件已经完成并经审批同意。

③建设资金已经落实,并经交通主管部门审计。

④征地手续已办理,拆迁基本完成。

⑤施工、监理单位已依法确定。

⑥已办理质量监督手续,已落实保证质量和安全的措施。

(2)提供以下材料:

①施工图设计文件审批。

②交通主管部门对建设资金落实情况的审计意见。

③国土资源部门关于征地的审批或者控制性用地的批复。

④建设项目各合同段的施工单位和监理单位名单、合同价情况。

⑤应当报备的资格预审报告、招标文件和评标报告。

⑥已办理的质量监督手续材料。

⑦保证工程质量和安全措施的材料。

(3)组织项目实施。在项目实施过程中,认真执行邯郸市一般干线公路建设的各项要求。

2.2.8 交(竣)工验收

依据《河北省公路工程竣(交)工验收办法实施细则》及《关于印发公路工程竣交工验收办法实施细则的通知》(交公路发〔2010〕65 号)做好竣(交)工验收工作。

(1)建设单位在项目完工并达到试运营条件后,要及时组织交工验收工作,并出具交工验收报告;质量监督部门要及时进行检测,并出具检验报告。交工验收工作完成后可开放交通进入试运营期。试运营期不得少于 2 年。

要对主体工程、交通安全设施工程、环保绿化工程做到"三个同时":同时设计、同时施工、同时交付使用。

(2)项目通车试运营 2 年后,建设单位自检认为已基本具备竣工验收条件时,向河北省交通运输厅提出竣工验收申请,并协调各参建单位配合完成河北省交通运输厅竣工验收工作。

(3)按照邯郸市交通运输局《关于实行竣工工程建设项目备案制度的通知》(邯交字〔2012〕181 号)要求,做好竣工工程建设项目备案。

2.3 项目管理理念

根据项目自身的特点和管理模式,建立健全管理制度,优化管理流程,使管理更加人本化,专业化、标准化、精细化和信息化。发展理念人本化，坚持以人为本，做好工程建设各阶段工作。

(1)设计阶段要充分考虑社会发展和环境保护的需要，注重建设与自然环境和谐统一。项目法人要编制设计指导书，将人本化理念在设计中充分体现。

(2)施工阶段要提高对安全生产的关注，保证参建人员的安全，维护劳动者的合法权益。一要健全安全生产管理制度；二要切实落实劳动保障用品设施；三要改善作业环境。

2.3.1　项目管理专业化

(1)把好准入关，落实项目法人专业化。项目法人是工程的第一责任人，对于不满足项目法人资格标准和准入条件的不予备案。

(2)把好制度关，推进管理规范化。项目法人要建立健全内部管理、招投标、质量、进度、安全、合同、材料采购、工程变更、资金拨付、廉政建设等方面的制度，完善各项工程流程，建立规范、有序、科学的运行机制。

(3)把好考核关，落实管理责任。对项目办人员考勤、履职效果、质量控制等关键要素进行考核。对工程施工管理不力，现场管理混乱、容易发生质量安全事故的项目办管理人员，公路工程管理处根据实际情况予以调整。

2.3.2　工程施工标准化

施工标准化是提高工程质量和安全生产水平的有效手段，也是现代化管理的重要内容。

(1)监理、施工、设计等单位都要按照省、市有关标准化管理的要求，细化管理内容和落实措施。

(2)工地标准化。施工、监理驻地、试验室、施工便道及各类拌和站、预制加工场地和材料存放场地等，都要按标准要求建设，规范施工现场。

(3)施工工艺标准化。路基、路面、桥涵、隧道、房建、交通安全设施及机电等各项工程，都要细化施工标准化要求，优化施工工艺，严格工艺管理，预防质量通病，提高工程实体质量。

2.3.3　日常管理精细化

管理精细化就是按精、准、细、严的要求，促进建设方面把粗活做细、细活做精、精雕细琢，精益求精，保证工程的每个细小环节都满足质量要求。

(1)树立精细化管理理念，严格按照《河北省交通运输厅公路项目建设精细化管理指导意见》(冀交基〔2009〕87号文)的要求，建设、勘察设计、监理、施工等各从业单位要制定切实可行的精细化管理目标，细化施工方案，重细节、重过程、重基础、重具体、重质量、重效果，切实将精细化管理、设计、监理、施工落实到工程实体质量上。

(2)加强实施中的衔接和协调。建设、施工、监理等单位要注重精细化管理的协调，做好合同段及各分项工程之间的衔接，通过对分项工程实施精细化管理实现总体建设目标。

(3)加大监督考核力度，将考核内容表格化、数字化，确保考核工作能够真正落实，取得实实在在的效果。

2.3.4　管理手段信息化

(1)项目办在开展工作的同时，要进一步加强信息报导工作，利用网络平台，全面实现质量、安全、招投标、进度、合同、计量支付、廉政建设、“七公开”、信用管理、重点部位、全程监控等项目管理信息化。在工程建设管理领域广泛运用信息网络技术，实现办公自动化、管理职能化和控制实时化，规范管理流程，提高管理效率。

(2)为进一步提高工程信息上报数据的准确性与及时性，与河北省交通运输厅平台互联互通，均衡推进全省信息化管理水平。

2.4　招投标与信用等级管理

2.4.1　干线公路项目招投标按照“公开、公平、公正和诚实信用”的原则，实行公开招投标。

2.4.2 招标文件应注明的评标方法有合理低价法和综合评价法，原则上不得采用最低评标价法。

2.4.3 干线公路建设项目原则上采用资格预审，对于时间紧或项目简单、较小的工程可以采用资格后审。

2.4.4 设计单位招投标工作由业主组织。

2.4.5 建设单位必须发布招标、中标公告，对招标、中标结果在规定的期限内予以公示，公示时间不得少于7d。

2.4.6 信用等级管理执行河北省交通运输厅相关评定标准。

2.5 项目过程管理

2.5.1 干线公路建设项目过程管理实行建设单位负责制。建设单位应及时组建项目管理机构，配备具有相应工程管理能力和建设经验的人员，制定完善的部门管理制度、人员岗位职责等各项规章制度。

2.5.2 项目管理机构人员设置科学合理、专业齐全，分工明确，职责清晰。管理、技术人员自始至终负责建设工程管理，对不能满足工程管理需求的，可以聘任具有资质的专业技术人员担任相应的职务。

2.5.3 管理机构负责人及主要部门负责人应具备良好的职业道德和职业操守，社会信誉良好，熟悉掌握公路建设有关法律、法规和政策。

2.5.4 工程建设项目开工前，建设单位要严格履行工程建设程序，及时办理项目法人核备、施工许可、质量监督、安全监督等手续。

2.5.5 工程项目实施管理过程中，各部门认真履行职责，制定配套管理制度文件，认真传达、落实上级文件；建设期间要加强合同管理，督促设计、施工、监理等单位认真履行合同。

2.5.6 项目管理机构负责审核开工报告、监理规划和监理实施细则等技术方案的可行性、合理性和完备性。

2.5.7 对重大及技术难度大的设计变更必须组织专家召开方案论证会。

2.5.8 对质量存在疑义的工程，建设单位应委托具有相应资质的检测单位予以复查。

2.5.9 工程费用的控制和利用。工程建设资金规模大，建设单位应合理利用，确保资金的使用效率。

(1)及时审核经监理工程师签认的工程计量，建设单位应根据工程进度和计量编制资金拨付计划并上报上级部门，及时审核合同结算价，及时编制工程竣工决算。

(2)工程款应专款专用，不得用于专项工程以外的其他项目。

(3)加强项目变更管理，按权限履行变更审批手续，经审查批准的设计变更项目，其费用纳入决算。

(4)业主对农民工工资发放进行监管，不得拖欠农民工工资。

2.5.10 建设单位应大力推广新技术、新材料、新工艺的应用，开展创新技术的研发，大胆探索，能够与设计单位和试验检测单位联合开发新型材料，或者新型的施工工艺，探索适合本地区的材料和工艺。

2.5.11 建设单位应加强信息化管理，充分利用网络和信息技术采集、传递、发布信息，提高管理效能和管理水平。

2.5.12 建设单位组织设计交底，设计交底会应编写会议纪要，总监理工程师（驻地监理工程师）应与参加交底会的其他与会单位代表一起对会议纪要签认。

2.5.13 建设单位应及时组织交竣工验收。

2.6 资金管理

2.6.1 建设单位的一切办公、生活等费用统一从建设管理费中支出，纳入工程概预算范畴。

2.6.2 建设单位应当按照国家有关规定管理和使用建设资金，做到专款专用；按照工程进度，及时支付工程款，不得挤占挪用建设资金；按照规定的期限及时退还保证金、办理工程结算。

2.6.3 引入跟踪审计制度，确保工程计量的准确性，财务支付的及时性，工程施工的连续性。

2.7 设计变更制度

2.7.1 公路工程设计变更分为重大设计变更、较大设计变更和一般设计变更。

2.7.2 公路工程重大设计变更、较大设计变更实行审批制，一般大额设计变更实行审定制，一般普通设计变更实行备案制。

2.7.3 实行审批制和审定制的设计变更，应当按照本规定的程序进行审批或审定。未经审查批准的设计变更不得实施。一般普通设计变更应按要求及时备案。

2.7.4 任何单位或者个人不得违反本规定擅自变更已经批准的公路工程初步设计、技术设计和施工图设计文件。不得肢解设计变更，规避审批。

2.7.5 经批准的设计变更一般不得再次变更。

2.7.6 根据《邯郸市交通运输局公路工程设计变更管理规定》中规定的变更流程图进行设计变更。

3 设计单位管理要求

3.1 初步设计及施工图设计要求

3.1.1 根据项目实际情况，结合河北省设计工作，制订项目勘察精细化管理指导书，指导勘察设计质量工作。

贯彻“以人为本，安全至上”的理念，全方位消除行车安全隐患。

(1)认真落实“地形地质选线”和“安全选线”原则，准确掌握地质状况，对不良地质灾害要尽量予以绕避，做好路线方案的比选工作，加深路线方案的比选深度。

(2)灵活采用技术指标，优化平、纵面设计，尽量避免出现长大纵坡和高陡边坡。

(3)对特殊复杂桥梁隧道工程，应认真组织开展安全风险评估工作，确保结构安全可靠、技术经济合理。

3.1.2 贯彻“生态环保、资源节约”理念，将公路融入自然，实现可持续发展。

(1)认真贯彻“生态环保选线”原则，在满足规范标准的前提下，使路线尽量与地形相拟合，路基尽可能避免高填深挖，隧道实现“零开挖进洞”，以减少对自然生态环境的破坏。

(2)尽量避让风景名胜区、自然保护区、水土保持敏感区等区域，并做好环境影响、水土保持评价工作。

统筹利用线位资源，将土地作为路线方案选择和优化的重要指标，合理确定建设规模和方案，提高土地的集约利用程度，尽可能少占农田。

详细核实土石方调配方案，充分利用弃方加宽路基、设置停车港湾、景观等，尽量减少弃土占地，努力实现“零弃方”。

3.1.3 贯彻“全寿命周期成本”理念，合理控制建设成本。既要注重项目初期的建设成本，也要注重后期的维修和养护成本。

要把建设质量和工程耐久性放在首位，在不降低使用功能的前提下，确定符合实际需要和经济能力的技术标准及建设规模。

要避免“贪大求洋”，更不能未经批准擅自提高标准，扩大建设规模。

要把严格控制工程投资作为约束性目标，贯穿到项目设计、建设的各个环节，在精心设计、优化设计上下功夫，合理控制建设成本。

要吸收养护和运营管理中的经验与教训，尽可能减少后期维护费用，延长使用寿命。

3.1.4 初步设计阶段，严格落实环评、防洪、水保等相关意见；重点对工程地质勘察深度、设计文件编制深度、结构安全性计算、野外和室内试验成果、方案比选优化深度等进行管理。

(1)加强地质勘察与外业调查工作，确保基础资料可靠、可信。

①勘察设计单位应根据相关技术标准规范的要求，针对项目区域地形地质特点及工程建设需要，提出外业勘察特别是地质勘察的工作量及勘察重点，编制外业勘察与地质勘察指导书，以保证外业地质勘察的深度和质量。

②初步设计时，地质勘察工作尽量达到详勘深度，以便更好地指导方案设计。必须保证初勘深度符合初步设计要求。

严格按照外业验收程序组织有关单位及专家进行验收工作。河北省交通运输厅视项目情况组织或参与初步设计外业验收工作。

(2)加强总体设计，建立设计“创作”激励机制。

对于有多个单位参加的设计项目，总体设计单位要认真负责，按照建设单位的设计指导书，做好各设计单位的指导思想、技术标准、指标掌握原则、设计界面划分等工作的统一，统筹好各专业间的衔接。

(3)强化设计过程的管理与控制。

要建立精心设计、创作设计的激励机制，创新符合资源节约、安全、环保和耐久要求的产品。

勘察设计单位要健全内部质量保证体系，规范设计流程，明确设计任务，加强事先指导、中间检查、成果审定，确保设计质量始终处于受控状态。

建设单位应加强外业地质勘察的跟踪检查和验收及设计文件上报河北省交通运输厅前的审查。

(4)对难以取舍及投资较大的路线、互通、桥梁、隧道等方案，应进行同深度比较。

(5)多方案比选，合理消除长大纵坡。确实因地形等各种条件限制设置的长大纵坡，综合运用避险车道、交通安全设施等，并进行安全性分析与论证。

(6)深度调研，合理确定取、弃土场方案，并全面落实环评、水保方案。

(7)采用成熟的路面结构，减少路面反射裂缝，提供路面结构设计计算书。主线与互通匝道路面结构应一致，便于标准化施工。

(8)根据地勘成果，计算确定合理的基桩桩长，同深度比选上部结构采用形式，并提交计算书。桥涵设计应便于标准化施工。

(9)排水防护工程要结合现场地形、地质等实际进行动态设计。根据详细的地质情况，优化边坡坡率、边坡防护与排水方案，在保证结构稳定的前提下，尽量减少圬工防护。

(10)优化采用高强度、高性能混凝土，提高混凝土构件的耐久性。

(11)房屋工程应结合地形、地质等情况，随坡就势，错落有致，合理布设，避免大填大挖。

(12)严格执行《关于在初步设计阶段实行公路桥梁和隧道工程安全风险评估制度的通知》(交公路发〔2010〕175号)。

3.2　施工图设计阶段

施工图设计阶段，严格执行双审制，重点对设计文件的完备性、结构安全性、施工可操作性、标准化生产等进行审查把关，并对结构设计等进行验算，关注工程细部设计。

3.2.1　施工图设计要严格执行初步设计的批复意见，全面落实环评、防洪、水保等相关意见。

3.2.2　应结合详细勘测资料和外业调查，深度优化设计。特别是模筑混凝土构件，应便于标准化生产，以提高工程质量，加快施工进度，并达到资源节约。

3.2.3　应精心完善设计，注重工程细部设计，提高设计质量，并便于工程施工。

3.3　设计变更要求

3.3.1　严格履行《河北省交通厅公路工程设计变更管理实施细则》与《公路工程管理处公路工程设计变更管理实施细则》(2014修订版)所规定的工程设计变更的程序。

3.3.2　施工图设计阶段，因优化、完善设计及新增工程产生的较大、重大设计变更，应在施工图报批前完善设计变更程序。

3.3.3　较大和重大的设计变更建议，经建设单位审查论证确认后，向河北省交通运输厅提出设计变更申请。经河北省交通运输厅或上级主管部门审查同意后开展设计变更的勘察设计工作。

较大和重大设计变更文件经项目法人审查确认后报河北省交通运输厅审查。其中重大设计变更文件由河北省交通运输厅审查后报初步设计的批准单位审批，较大设计变更文件由河北省交通运输厅审批。此项工作为行政许可事项，应按照行政许可程序办理。

3.3.4　设计变更与水利、环保等其他行业意见有冲突的，应取得主管部门同意。

4　监理单位管理要求

4.1　组织机构

4.1.1　机构设置

视项目情况可设置两级监理机构或一级监理机构，一般应设置两级监理机构，总监理工程师办公室设置应满足图 3-4-1 和图 3-4-2 的最低要求。

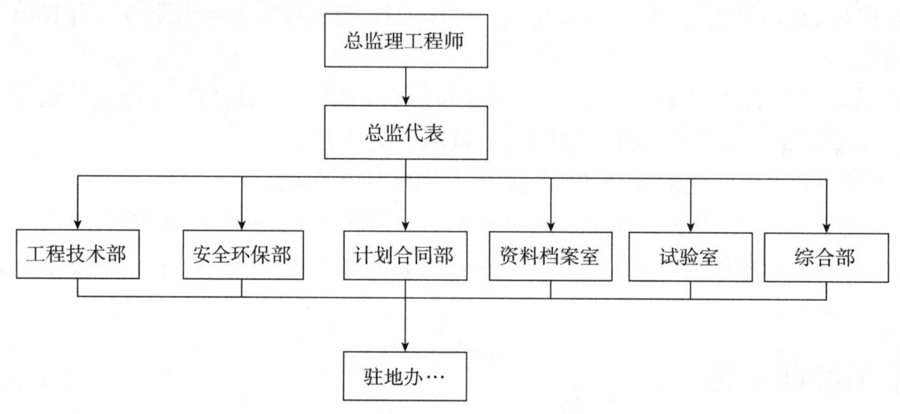

图 3-4-1　两级监理组织机构框图

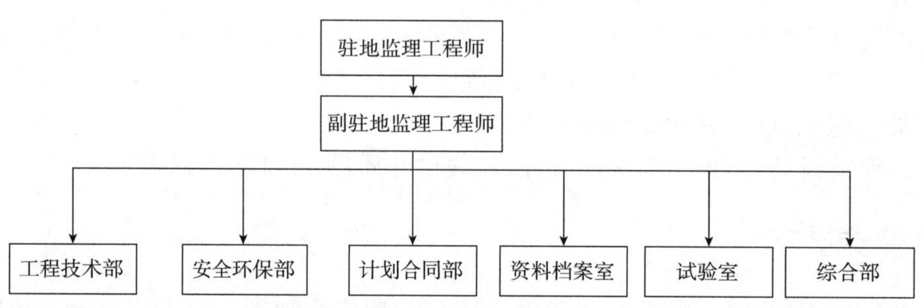

图 3-4-2　一级监理组织机构框图

4.1.2　驻地监理组机构建设和人员配置

人员资质要求应满足表 3-4-1 规定的最低要求，且不得低于合同约定和《河北省公路工程建设项目工地试验检测室临时资质管理暂行办法》的规定。

总监办人员一览表　　表 3-4-1

服务或岗位	技术职称	工作经验	资格标准
总经理工程师	高级工程师	60 岁以下，10 年以上施工或监理工作经验，近 5 年内至少担任过一条新建高速公路的总监理工程师（或副总经理工程师、驻地监理工程师）	交通运输部监理工程师证

续上表

服务或岗位	技术职称	工作经验	资格标准
副总监或总监代表	高级工程师	60岁以下,10年以上施工或监理工作经验,近5年内至少担任过一条新建高速公路的副总监理工程师(监理代表、驻地监理工程师)	交通运输部监理工程师证
实验室主任	工程师	5年以上试验管理工作经验	交通运输部试验检测工程师证
实验室技术负责人	高级工程师	5年以上试验岗位工作经验	交通运输部试验检测工程师证
专业监理工程师	工程师	5年以上专业施工或监理工作经验	交通运输部(或省)专业监理工程师证
监理员	助理工程师	2年以上公路专业施工或监理工作经验	交通运输监理员证书或培训证
实验员	助理工程师	2年以上公路施工或监理工作经验	交通运输试验员证或培训证
档案室管理	—	2年以上档案管理经验	—

4.2 管理制度建设

4.2.1 树立精细化监理理念,严格按照《河北省交通运输厅公路项目建设精细化管理指导意见》的要求施工。

(1)严把“七关”:建筑材料进场关,机械设备进入关,分项工程开工审批关,邮件工程认可关,拌和站作业关,试验检验关,成品验收关。

(2)总监办、驻地办负责编制、完善钻孔灌注桩,预应力构件张拉、压浆,软基处理等各项作业指导书,指导监理及施工。

(3)根据标段的建设特点,施工工点,明确监理人员职责与工作范围,每一个施工工点都要明确专业监理工程师、旁站监理员。

(4)加强事先预防与过程监理。明确需要旁站的施工工序及旁站特点;明确过程控制的质量要点、质量标准和监理要点。对隐蔽性过程和关键工序做到全过程旁站。

(5)将质量标准、监理要点、旁站特点、安全管理要点等监理工作内容表格化,达到标准统一,要求具体、明确,易于操作,过程控制有效。

(6)由建设单位负责审核监理任务、技术培训计划,由监理办负责组织实施。应在项目整体开工前,在单位、分部或重点分项过程开工前,对全体监理人员进行岗前业务和技术培训;应在难点部位或关键工序开工前,对负责的监理人员进行培训。

(7)专业监理工程师负责对监理人员进行书面技术交底。

(8)总监办负责下达施工单位的管理技术及工人培训计划。总监办、驻地办负责对电工、焊工、起重工等特殊工种人员及每一个施工单位人员进行技术水平、操作能力等岗前考核。

(9)事先抓好控制性管理费,工程建设工程中可能发生的问题应提前明确,并制定严格的预防措施;狠抓混凝土质量通病治理与公路工程质量通病治理的落实。

4.2.2 树立精细化安全管理理念。

(1)严格审查施工单位安全生产许可证和“三类人员”(企业负责人、项目负责人、专职安全管理人员)管理,并全过程监控。

(2)专职安全监理工程师、监理员要明确每一个施工工点、每一道施工工序的安全管理要点和安全设施配备。

(3)检查特种作业人员的操作证,检查包括农民工在内的所有施工人员在岗前是否进行了安全培训。

(4)检查施工单位的施工过程是否严格按照操作规程进行。

(5)检查施工单位的安全组织机构是否成立、进行是否有效;制度是否建立,措施是否得当;安全生产专项资金是否落实,安全设施是否到位;应急救援预案是否制定,是否进行演练;安全生产日常、定期检查是否开展,安全隐患整改是否到位。

(6)审查各分项开工报告中的安全生产方案,重点是高墩大跨、隧道、高填深挖路基等高危工程,切实保证安全生产方案可行,措施有效,落实到位。

4.2.3 应严格按照交通运输部及河北省交通运输厅部署,组织开展好各项活动,务求实效。将此项活动落实到监理工作上,落实到监理行为上,落实到工程实体上,落实到服务质量上。

4.2.4 根据项目法人制定的质量、进度等各项管理制度,结合项目实际及监理职责,细化环节、细化措施,量化监理工作。

1)工程质量管理

(1)根据监理质量责任范围,建立健全监理质量保证体系,优化监理流程,增强服务意识和指导意识。

(2)执行首件工程样板制度。全工程进行跟踪监理,全方位试验检测,严格审查试验段或首件工程机械组合、人员配备、材料和成品质量等,完善施工工艺,规范施工操作和试验检测行为,检验监理和施工质量保证体系运转情况,及时观摩总结,明确质量标准,指导后续施工。

(3)执行混凝土拌和站旁站制度,加大对混凝土拼制管控;针对混凝土质量通病及公路工程质量通病,深入研究预防措施,细化管理环节,强化监理手段,将通病治理贯穿于监理工作全过程。

(4)严格按照公路工程质量责任及一线骨干人员登记制要求,对施工单位各工点的登记情况进行核实,实行动态管理,加强施工单位管理技术人员和一线工人的管理,务求实效。

2)工程进度管理

(1)严格审查施工单位的施工组织设计,核实人员、设备、资金、材料等与计划的配套性及合理性。

(2)及时考核计划的落实情况。认真查找、分析进度滞后的原因,应该采取的措施,以及措施落实的时限,并据此对下一阶段的计划进行相应调整。

3)计量支付管理

(1)明确监理计量支付流程,保证计量支付效率。

(2)对于符合计量条件的工程,督促施工单位尽快完善基础资料,并及时签认;对于不符合计量条件或未达到合同规定质量标准的工程,坚决不予计量,并督促施工单位返工处理。

(3)充分利用建设单位构件的管理平台进行网络计量支付办公,提高工作效率,降低资源消耗。

4)设计变更管理

(1)负责对一般设计变更方案的合理性及设计变更文件的完备性进行审查。

(2)严格设计变更程序管理。严禁先实施后变更;严禁随意变更。

5)建筑材料管理

(1)应对供货单位现场考察,并留样封存,以便施工过程中比对与溯源。

(2)应对供货合同的执行情况进行监督,以便于及时掌握材料进场情况并及时抽样试验。

(3)应加强建筑材料存放及使用过程监理,防止出现材料污染、损伤等现象。

6)过程试验检测管理

(1)对施工单位工地试验室的运转情况及其试验检测人员的工作质量进行随时检查,并检查仪器设备的性能是否良好、标准是否正确、数据是否真实、材料出具是否及时。

(2)不得用施工单位的仪器设备进行标准试验、验证试验等。

(3)不得以施工单位自检代替监理抽验。若确实需要施工、监理单位一并进行的特殊试验检测项目,执行见证制度。

7)文明施工及环境保护管理

(1)设专人负责文明施工、环境保护监理工作。

(2)以表格形式明确监理内容,并督促施工单位逐项落实到位。

8)“七公开”管理

(1)制定“七公开”实施方案与实施细则,并定期进行动态公开。

(2)审查施工单位的“七公开“实施方案与实施细则,督促施工单位做好工作。

9)信息化管理

(1)监理驻地建设应具备通信条件,以便利用项目管理平台实现网络办公。

(2)应配备足够的网络办公设备,满足办公需求和信息的及时传输。

4.2.5　信用评价管理。

应对施工单位合同履约情况及时报备建设单位或现场执行机构。

5 施工单位管理要求

5.1 组织机构

5.1.1 机构设置

各标段应根据各自企业的管理模式和项目的实际情况,建立健全组织管理机构,项目经理部应满足图3-5-1的最低要求。项目分部或工点管理机构可参照该机构设置。

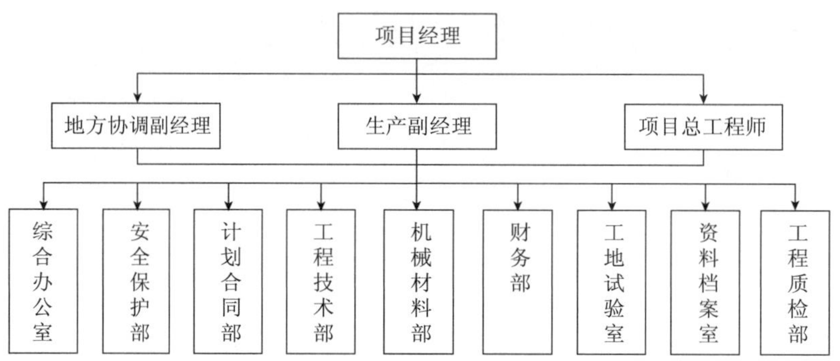

图3-5-1 施工单位组织机构图

5.1.2 人员配备

总项目部配备的主要人员应满足表3-5-1规定的最低要求,并且满足合同规定的要求。可视工程进展和实际情况动态调整,但必须满足工程实际需要。

项目部主要人员要求一览表 表3-5-1

职务或岗位	技术职称	工作经验	资格标准
项目经理	工程师	8年以上工作经验,3年以上项目经理(或经理助理、副经理)工作经验	一级建造师
项目总工	高级工程师	8年以上工作经验,3年以上总工(或副总工程师)工作经验	一级建造师、安全证书B类
地方协调副经理	工程师	8年以上工作经验,负责地方工作3年以上	安全证书B类
生产副经理	工程师	5年以上工作经验,副经理(或工长)岗位3年以上	—
安全环保部长	工程师	管理工作5年以上	—
财务部长	会计师	财务管理工作5年以上	安全证书B类
工程技术部长	工程师	管理工作5年以上	—
工程质检部长	工程师	质检工作5年以上	—
计划合同部长	工程师	管理工作5年以上	造价工程师
物资设备部长	工程师	管理工作5年以上	—
工地试验室主任	工程师	试验管理工作5年以上	—
试验技术负责人	工程师	从事试验技术5年以上	交通运输部试验检验证

5.2　管理制度建设

5.2.1　树立精细化管理理念，严格按照《河北省交通运输厅公路项目建设精细化管理指导意见》的要求施工。

5.2.2　严格按照交通运输部及河北省交通运输厅部署，组织开展好各项活动；根据建设单位及监理单位制定的质量、进度等各项管理制度和作业指导书等，结合项目实际，制定更加具体的项目管理制度，且应细化环节、细化措施，细化工序。

(1)根据标段工程特点，编制实施性施工组织设计。要达到“一个符合、二个体系、六个措施”的要求，即符合国家的技术政策与合同要求；组织建立有效的质量管理体系和技术管理体系，保证工程施工的有效管控；具有针对性、先进性和可操作性；质量、进度、安全、环保、消防和文明施工措施健全且切实可行。

(2)严格执行工点管理制度；严格执行工序交接制度。以工点为单位，建立健全每一个施工工点的质量保证体系，切实保证质量体系的有效运转。

(3)各工点技术负责人负责对工点的技术员、操作工人进行一些书面技术交底。

(4)按照总监办下达的施工单位管理人员、技术人员及工人培训计划，开展业务、技术、操作技能、安全等培训教育。施工单位负责对电工、焊工、起重工等特殊工种作业人员的培训。所有参建人员包括施工单位的农民工必须进行岗前培训后，方可持证上岗。

(5)实现控制性管理，应对工程建设中可能发生的问题提前明确，并制定严格的预防措施。

(6)以标准化工地建设为基础，以“平安工地”建设活动为契机，抓好安全生产。

6 工程技术管理

管理人员和技术人员要正确贯彻国家政策、技术标准、设计文件及有关技术工作的要求;建立健全各项技术管理制度,采用先进的施工技术,科学合理地组织施工,并有针对性地开展科研、试验工作。

6.1 建设单位

项目技术负责人全面负责技术和技术管理。

6.1.1 建立技术管理体系,并组织其有效运行。

6.1.2 对监理工程师、施工单位的主要技术人员进行全面技术交底。

6.1.3 组织勘察设计单位对监理、施工单位进行设计交底。

6.1.4 组织对勘察设计文件、设计变更等进行审查。

6.1.5 负责新工艺、新材料的应用,负责技术规范和作业指导等的实施工作。

6.1.6 负责审批重点、难点工程的施工组织设计。

6.1.7 监督、检查监理、施工技术人员严格按照设计图纸、施工规范、操作规程组织施工,并进行质量、安全、进度把关。

6.1.8 检查和督促内业工作。

6.1.9 负责施工过程试验、测量等重大技术问题的决策,以及不合格品的控制和处理意见的审定。

6.2 监理单位

总监理工程师全面负责驻地监理工程师办公室的技术工作和技术管理。

6.2.1 建立监理单位技术管理体系,并组织其有效运行。

6.2.2 对专业监理工程师、监理员、施工单位主要技术人员进行交底。

6.2.3 组织对施工图、设计变更等进行审查。

6.2.4 组织编制、完善作业指导书,指导施工。

6.2.5 负责审批一般工程的施工组织设计。

6.2.6 检查、指导监理、施工技术人员严格按照设计图纸、施工规范、操作规程组织施工,并进行工程质量、安全、进度把关。

6.2.7 检查和指导内业工作。

6.2.8 负责施工过程中试验、测量等重大技术问题的决策,以及不合格品的控制和处理意见的审查。

6.2.9 负责事先控制性质量管理,检查、督促监理、施工单位认真落实。

6.3 施工单位

项目总工全面负责技术工作、技术管理。

6.3.1 建立施工单位技术管理体系,并组织其有效运行。

6.3.2 对施工单位全体技术人员进行技术交底。

6.3.3 组织对施工图和合同文件的学习并核对。

6.3.4 组织编制、完善作业指导书,指导施工。

6.3.5　负责新工艺、新材料的应用及技术相关手续的报批。

6.3.6　检查、督促施工技术人员严格按照设计图纸、施工规范、操作规程组织施工，并进行质量、安全的把关。

6.3.7　指导、督促和检查内业工作。

6.3.8　负责施工过程试验、测量等重大技术问题的决策，以及不合格品的控制和处理意见的拟定。

6.3.9　负责事先控制质量管理，领导、检查、督促施工技术人员认真落实。

6.3.10　设计交底工作由建设单位的技术负责人主持，实际负责人做技术交底。参加人员有建设单位的技术人员，监理工程师，施工单位的技术人员，包括专职技术员、质检人员、试验人员等有关人员。

6.3.11　施工技术交底除项目总工进行技术交底外，根据项目特点，在每个分项工程开工前、每道施工工序施工前或每天开工前都要进行技术交底。重要工序的技术交底必须经监理工程师审定。交底要做到有签发人（项目总工），必要时有审核人（监理工程师），有交底人（施工工点技术负责人），有接受人（施工人员），有存档。

7 工程施工管理

7.1 合同管理

7.1.1 依据国家和河北省有关法律、法规以及招标文件的规定，对施工、监理、材料（设备）供应、服务等合同进行严格的管理。

7.1.2 施工单位要严格按照投标承诺组织人员和设备进场，不得随意更换，如有违反要严格处罚。

（1）抓好“三个关键人”：项目经理、总工和试验室技术负责人的工作。对于不能胜任本职工作或不能认真履行合同的，要及时更换。

（2）施工设备进场应实行准入制度，保证设备性能良好且满足工程需要。

（3）严格控制工程分包管理。严禁非法分包和转包。拌和站不得分包。

（4）加强劳务分包管理。施工单位须与劳务队签订有效合同，明确劳务分包工作内容、质量标准、安全要求等，劳务队农民工以身份证进行实名登记，并报项目办备案，项目办加强对农民工工资的监管。

7.1.3 监理单位要严格按照投标承诺组织人员、试验检测设备及交通工具等进场，不得随意更换，要严厉处罚措施。

（1）严格管理总监理工程师、驻地监理工程师的请销假管理，防止监理工程师随意离开工地。

（2）加强监理人员的业务与服务质量考核，对业务水平或责任心差或服务质量差的监理人员，要及时更换。

（3）要明确监理单位的交通工具数量及性能，且满足监理工作实际需要。

7.1.4 材料（设备）供应要明确质量标准，并保证供应及时。

7.2 质量管理

7.2.1 确定总体制量目标，分项、分部、单位工程目标；杜绝发生重大质量事故和一般质量事故；消除质量通病。

7.2.2 明确建设、勘察设计、监理、施工等从业单位质量责任范围，制定切实可行的质量保证措施。细化管理，量化、表格化考核从业单位的工作。

7.2.3 严格执行“政府监督，法人管理，社会监理，企业自检”的四级质量保证体系，建立健全建设单位、勘察设计、监理、施工、第三方试验监测等从业单位质量保证体系，保证其有效运转。

7.2.4 认真执行首个工程样板制度，建立形象的、直观的质量标准。

7.2.5 事先抓好控制性管理，对工程建设过程中可能发生的问题要提前明确，并制定严格的预防措施。

7.2.6 严格落实公路工程质量责任制，加强一线骨干人员等级管理，并进行动态管控，将管理落实到人、到工序。明确工点组织机构，建立健全施工工点质量保证体系，严格执行工序交接制度。

7.2.7 严格技术交底流程，强化技术交底管理，明确质量标准，指出关键工序和操作要领，认真落实设计及施工方案。

7.2.8 加强对现场的管控力度，每月检查应不少于一次，并形成检查报告。制定项目自身的监督管理办法，以表格形式，明确项目名称、质量标准，量化考核从业单位的勘察设计、监理、施工方案及成品质量。

7.3　进度管理

7.3.1　编制项目总体计划和年、季、旬等计划；严格审批程序，保证工期和时间安排的合理性。

7.3.2　严格按照计划时间节点安排监督管理、施工等单位人员、设备、材料进场，安排施工测量、材料试验及标准试验，施工工点开工前达到“四通一平”（通水、通电、通路、通信、场地平整），保证施工准备的可靠性。

7.3.3　及时考核节点计划的落实情况。一是阶段完成工作量和投资额与施工单位的设备、人员实际状况相适应；二是各项施工方案和施工方法与施工单位的施工经验和技术水平相适应；三是关键线路与非关键线路上的力量安排相适应，以保证计划目标与施工能力的适应性。

7.3.4　对于施工进度滞后较严重的施工单位，应依据合同规定及时采取有效的措施。

7.4　计量支付管理

7.4.1　计量支付工作要规范、准确、及时。要明确计量支付程序，明确计量支付原则及要求，依法、依规、依合同进行计量支付。

7.4.2　建立有效的资金监管体制，要设立项目专项资金使用账户，保证工程款的合理使用。

7.5　工程变更管理

7.5.1　严格履行《河北省交通运输厅公路工程设计变更管理实施细则》与《公路工程管理处公路工程设计变更管理实施细则》（2014 修订版）所规定的工程设计变更程序。

7.5.2　一般设计变更由建设单位负责审查管理：较大设计变更由建设单位审查后上报交通运输厅审批：重大设计变更由交通运输厅审查后上报原初步设计审批部门审批。

7.5.3　严格执行变更程序。未经审查批准或审查不合格而擅自实施涉及变更的不按照规定权限、条件和程序审查、报批公路变更等行为，依据《河北省交通运输厅公路工程设计变更管理实施细则》等规定予以处罚。

7.5.4　经批准的设计变更一般不得再次变更。

7.5.5　建设单位要督促勘察设计单位及时进行工程变更的勘察设计工作，并及早提供设计变更文件，以便指导施工。

7.5.6　项目法人应建立设计变更台账，按规定向上级主管部门报备。

7.6　项目管理

7.6.1　加强主要建筑材料的源头管理，确保材料质量。

7.6.2　推行主要建筑材料“甲控”模式，按程序申报建筑材料应供单位，优先选用质量优良、供应及时、信誉良好的品牌企业，乃至全国知名品牌企业。按照《邯郸市交通运输局甲供沥青材料的管理办法》的相关规定，对沥青材料进行管理。

7.6.3　施工单位应向项目法人及监理单位核备供货合同，并按要求提供供货计划、材料进场台账及材料支付账单。

7.6.4　应加强建筑材料使用的动态管理，严格按照《邯郸市干线公路施工标准化管理指南》工地建设标准化（以下简称工地建设标准化）有关要求对原材料进行合理存放、标识和使用。

7.7　工程试验检测管理

7.7.1　施工、监理单位的工地试验遵照工地建设标准化执行，第三方试验检测等单位参照执行。

7.7.2 明确各试验室的主要任务及要求,严格按照合同规定的项目和检测频率进行试验。要明确每一位试验检测人员的岗位职责。

7.7.3 对于非本试验室内的试验项目,执行外委试验取样执行见证制度。外委试验检测单位应报建设单位或总监办审批,任何单位与个人都不得干预外委试验。

7.7.4 严肃查处违纪违法案件。

7.8 档案与工程验收管理

档案管理与工程验收管理遵照《河北省高速公路建设项目档案管理办法》与《档案资料管理与质量检查验收要求》的相关要求执行。

8 首件工程认可制

8.1 首件工程认可制中首件的划分

首件工程包括:桥梁工程的墩台、墩台帽、梁板、桥面铺装、大型伸缩缝安装、混凝土护栏现浇等;路面工程的底基层、基层、路面面层铺筑等;路基工程的填方路基等;防护工程互通立交区的边坡防护。

8.2 首件工程认可制的实施

8.2.1 首件工程的申报

施工单位按照首件工程认可制中首件工程的划分原则确定每个分项工程中的首件工程,对首件工程的每道工序制订施工方案和施工作业指导书,提供质保体系,确定自检体系和质量责任人,明确检测方法、检测频率以及重点、难点部位的控制措施。监理工程师据此制定相应的监理实施细则,明确监理责任人。

8.2.2 方案审批

专业工程师审批提交的施工方案、施工作业指导书、质量保证体系等,对于重大的、复杂的及采用新技术、新工艺的分项工程,应签署审批意见后上报总监理工程师(驻地监理工程师)批准。

8.2.3 工程实施

施工单位应严格按照批准的施工方案施工,监理人员必须对所有的首件工程全过程旁站,并做好相应记录。对实施过程中发现的问题应及时会同有关方面,提出可行的调整处理方案,以保证其顺利实施。

8.2.4 评价认可

首件工程完成后,由驻地监理组织进行检测、验收和评定。施工单位应对已完成的首件工程的施工工艺和质量进行综合评价,提交总结报告。由监理工程师组织测量、试验和质检人员对其进行分析、研究,验证施工工艺的可靠性、合理性,提出改进意见,并形成评审会议纪要。

8.2.5 确定最终方案

首件工程经评审通过后,施工单位、监理工程师应根据评审报告进一步完善施工和监理实施方案作为最终方案。在此基础上审批分项开工报告。

8.2.6 推广示范

首件工程认可的项目,由监理工程师组织召开现场会,推广示范,以保证后续工程质量水平不低于首件工程的质量标准。

8.2.7 资料管理

得到认可的首件工程检查用表加盖首件工程认可专用章,有关人员签字。首件工程认可的所有相关资料均作为分项工程开工报告的附件整理和归档。

9 信息化管理

监控系统的布设：

(1)加强施工场站的监控系统建设，在场站关键位置(如场站出入口、拌和站进出料口、梁板预制现场等)安装监控器，对拌和站运转和梁板预制、养生等情况进行实时监控。

(2)沥青混凝土拌和站、水泥混凝土拌和站、基层拌和站中引入动态质量监控系统，对拌和楼的拌和质量进行全天候实时监控。

第四部分　施工安全标准化

1 总　　则

1.1 目的及适用范围

1.1.1 目的

为规范邯郸市干线公路建设施工安全，严格执行法律法规和技术标准规范，健全安全管理制度，优化施工程序流程，提升安全建设理念，提高工程质量和安全生产，特制定本指南。

1.1.2 适用范围

本指南适用于邯郸市干线公路建设项目。

1.2 编制依据

1.2.1 国家、交通主管部门发布的与工地建设相关的文件、标准、规范、规程和指南。

1.2.2 河北省颁布施行的有关施工管理的文件规定。

1.2.3 《公路工程施工安全管理手册》。

1.2.4 《公路工程施工监理规范》(JTG G10—2006)。

1.2.5 《公路水运工程施工安全标准化指南》。

1.2.6 《邢汾高速公路安全管理体系》。

1.2.7 邯郸市交通运输局颁布施行的相关文件。

1.3 主要内容

本指南共分12章，分别为总则、安全生产责任体系、现场人员个人防护要求、特种设备安全防护、常用设备安全防护、临时用电安全、消防安全、易燃易爆物品存放、防洪防汛、现场标志、路基路面现场施工安全要求、桥梁施工现场安全及交通组织安全。

2 安全生产责任体系

2.1 一般规定

2.1.1 安全生产管理必须坚持“管生产必须管安全”、“谁主管谁负责”的原则，坚持全员参与、全面覆盖和全过程管理的原则。

2.1.2 工程项目应成立由项目建设单位牵头，勘察设计、施工、监理等单位项目负责人共同参与的项目安全生产领导小组，负责规范、指导、协调工程参建单位的安全生产行为。

2.1.3 工程参建单位应建立内部安全生产责任体系，依法设立安全生产组织管理机构，完善安全生产管理制度，明确安全生产条件，确定安全考核指标，开展安全检查和隐患排查工作，落实安全生产责任。

2.1.4 道路工程安全生产专项费用根据国家有关规定，采用不低于工程造价 1.5% 的比例计取，且不作为竞争性报价。建设单位在编制工程招标文件时应明确安全生产专项费用的总金额或比例、预付金额或比例、计量支付方式与时限、具体使用要求、调整方式等条款。安全费用不足时，协商解决。

2.2 项目安全生产领导小组

2.2.1 项目安全生产领导小组组长由建设单位项目负责人担任，副组长由建设单位主管安全的项目负责人、监理单位总监理工程师等担任，勘察设计、施工、监理等单位项目负责人为小组成员。领导小组办公室一般设在建设单位安全管理部门，安全管理部门负责人为领导小组办公室主任。

2.2.2 项目安全生产领导小组应贯彻落实国家、行业有关安全生产方针政策、法律法规和技术标准，制订安全生产指标和安全工作计划，落实项目安全生产条件，规范施工安全管理程序，开展安全检查评价，定期组织应急演练，督促落实企业安全生产责任，如表 4-2-1 所示。

安全生产单位主体责任 表 4-2-1

序号	责任主体	责任内容
1	建设单位	1. 坚决贯彻执行国家、交通运输部及河北省制定的安全生产法律、法规、条令及有关规定，严格按照邯郸市交通运输局有关安全生产的管理制度与办法，具体负责辖区内项目建设的安全生产管理工作； 2. 根据工程项目的特点建立、健全安全生产监管体系，配备或者指派专职安全监督员，建立健全安全生产管理制度、考核制度、安全生产责任制以及安全生产台账；并按照有关规定以及与从业单位签订的合同要求加强对从业单位安全生产活动的管理； 3. 督促项目从业单位建立健全安全保证体系和安全生产责任制； 4. 定期对施工单位安全生产状况及事故隐患排查治理情况进行监督检查； 5. 按程序对施工单位施工组织设计中的安全保障措施以及应急预案进行审查。必要时，可委托具有相应资质的咨询机构进行安全评价并制订出安全应对措施，消除安全隐患； 6. 按照合同及时拨付从业单位安全生产费用
2	施工单位	1. 施工现场的安全生产管理由施工单位负责； 2. 施工单位派驻的项目经理是安全生产的第一责任人，对所承建合同段的安全生产负全面责任； 3. 施工单位必须设置安全生产管理机构，按照规定配备专职安全管理人员，建立和完善安全生产制度和安全生产管理体系；

续上表

序号	责任主体	责　任　内　容
2	施工单位	4. 施工单位要按照法律、法规的要求，针对施工特点制订安全生产保障措施，拟定安全生产事故应急预案； 5. 施工单位要按规范要求保证安全生产的经费投入，列出安全生产的专项费用，确保安全生产费用的专款专用； 6. 施工单位要维护、维修好现场施工机具及相关器材，并按规定对施工机具及关联材料进行检测和更换，确保施工机具和器材的完好率； 7. 施工单位必须按规定给施工人员备齐安全防护用品，所购置的劳动保护用品质量必须符合国家、省有关规定或标准； 8. 施工单位要进行定期和专项安全事故隐患排查治理工作检查，并做好安全检查记录； 9. 施工单位要积极配合上级单位的安全生产检查工作，认真完成上级单位交办的有关安全领域方面的其他工作； 10. 较大安全风险施工中安全保障措施和方案必须按程序报监理单位和安全生产科审批； 11. 施工单位应当建立安全生产技术交底制度，安全技术交底要进行“三级”交底，并留有记录； 12. 施工单位应当为施工现场的人员办理意外伤害保险，意外伤害保险费应由施工单位支付； 13. 施工单位要按时向监理单位和安全生产科填报安全月报表； 14. 发生生产安全事故，立即组织抢救人员，防止事故扩大，保护现场，协助做好事故调查，并及时如实报告生产安全事故
3	监理单位	1. 监理单位依法对工程实施安全监理，按照法律、法规和工程建设强制性标准进行监理，并承担相应的安全监理责任； 2. 监理单位应当按照工程监理规范的要求，审查审批施工组织设计中的安全技术保障措施和关键工序、关键部位的专项安全施工方案。监理单位要编制安全生产监理计划，明确监理人员安全方面的岗位职责、监理内容和方法； 3. 对安全生产各环节尤其对危险性较大的工程作业加强巡视检查； 4. 对于发现的安全隐患问题，监理单位要立即通知施工单位予以整改； 5. 对安全问题严重或者屡教不改的，必要时要责令其停工整改并及时向建设单位报告； 6. 监理单位应当填报安全监理日志和监理月报

2.3　管理机构及人员配备

2.3.1　建设单位

1）管理机构（图 4-2-1）

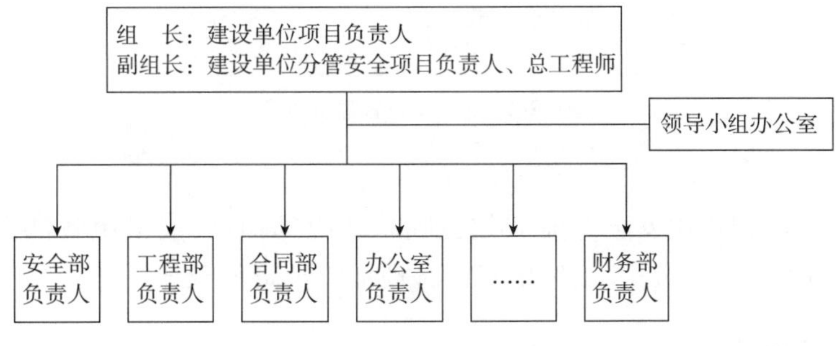

图 4-2-1　建设单位管理机构图

2）人员配备

工程项目建设单位内部安全生产领导小组，组长由建设单位项目负责人担任，副组长由建设单位分管安全项目负责人、总工程师担任，成员由各部门负责人组成。安全生产领导小组下设办公室，主任由安全管理部门负责人兼任。

2.3.2　监理单位

1）两级监理机构

（1）管理机构（图 4-2-2）。

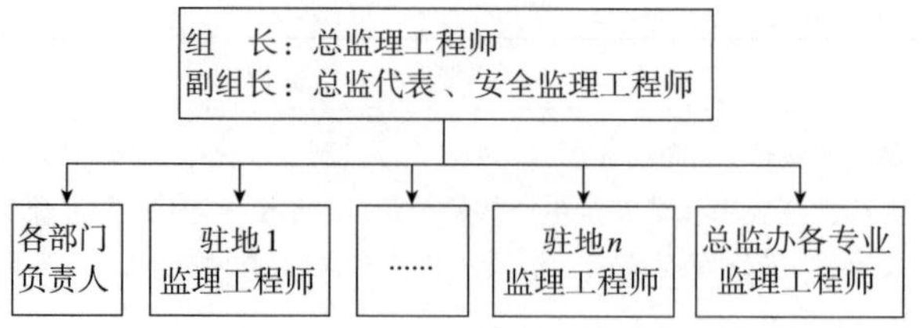

图4-2-2　两级监理单位管理机构图

(2)人员配备。单位内部的安全生产领导小组组长由总监理工程师担任,副组长由总监代表、安全监理工程师担任,成员由总监设立部门的负责人、各驻地监理工程师、总监办各专业监理工程师组成。

2)一级监理机构

(1)管理机构(图4-2-3)。

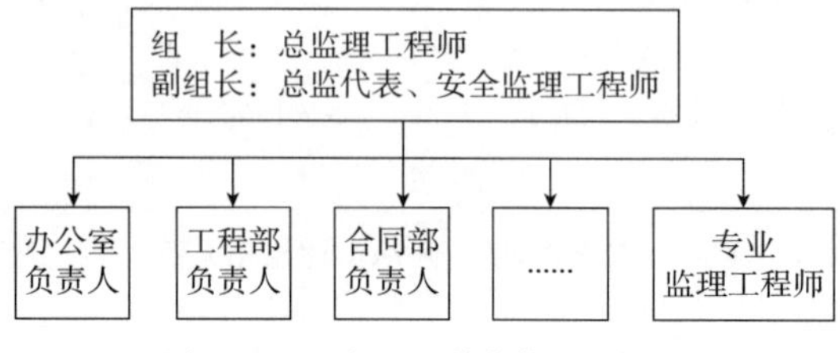

图4-2-3　一级监理单位管理机构图

(2)人员配备。单位内部的安全生产领导小组组长由总监理工程师担任,副组长由总监代表、安全监理工程师担任,成员由设立部门的负责人、各专业监理工程师组成。

2.3.3　施工单位

1)管理机构(图4-2-4)

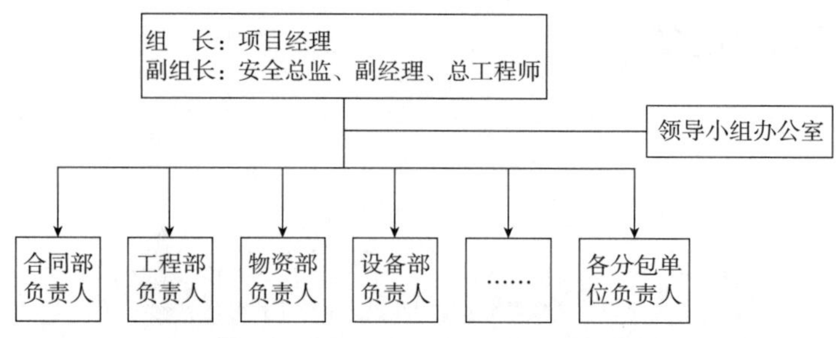

图4-2-4　施工单位管理机构图

2)人员配备

组长由项目经理担任,副组长由安全总监、副经理、总工程师担任,成员由各部门负责人以及分包单位负责人组成。安全领导小组下设办公室,主任由安全管理部门负责人兼任。

2.4　安全生产管理制度

安全生产管理制度是安全生产工作的行为准则,制度应明确项目安全生产各阶段管理的内容、程序与职责分工等,包括但不局限于附表1、附表2、附表3所列出的各项制度,一般以汇编形式印发。

2.4.1　总则

为加强邯郸市干线公路改建工程安全生产费用管理,建立安全生产投入长效机制,改善施工作业条件,防止和减少安全生产事故,切实保障人身和财产安全,根据《中华人民共和国安全生产法》《建设工程安全生产管理条例》《高危行业企业安全生产费用财务管理暂行办法》、邯郸市交通运输局相关文件等,特制定本制度。

本制度适用于邯郸市干线公路工程项目。安全生产费用管理要坚持“项目提取、政府监管、确保需要、规范使用”的原则。

(1)安全生产费用的支付。

①各单位在合同协议书中应明确安全生产费用的数额、支付计划、使用要求等条款。

②安全生产费用的支付应按照相关程序与工程款同时计量支付。

③安全生产费用应及时足额支付,任何单位和个人不得以任何理由拖延、截留或挪用。

(2)安全生产费用的使用。

①工程项目开工前,施工单位应编制安全生产资金使用计划,分阶段使用。

②安全生产费用原则上包干使用,实际投入不得少于合同中安全生产费用总额。凡不能保证安全生产需增加费用的,由施工单位自行负责。

③安全生产费用应当按照有关规定,在以下范围内使用。

a. 完善、改造和维护安全防护、检测、探测设备、设施支出。

b. 防止物体、人员坠落设置的安全网、棚等的费用。

c. 安全警示、警告标志、标牌及安全宣传栏等购买、制作、安装及维护的费用。

d. 特种设备、压力容器、避雷设施、大型施工机械、支架灯检测检验费、设备维修养护费用。

e. 其他安全防护、检测设施、设备的费用。

④配备必要的应急救援器材、设备和现场作业人员安全防护物品支出。

a. 各种消防设备及器材,救生衣、圈,急救药箱及器材费用。

b. 安全帽、保险带、手套、雨鞋、口罩等现场作业人员安全防护用品费用。

c. 其他专门为应急救援所需而准备的物资、专用设备、工具的费用。

⑤安全生产费用实行专款专用。施工单位应当建立健全项目安全生产费用管理、计取和使用制度,明确安全生产费用管理、计取和使用的程序、职责及权限。必须在规定许可范围内安排使用安全费用,不得挪用或挤占。

(3)安全生产检查与评比支出。

①日常安全生产检查、评估费用。

②聘请专家参与安全检查和评价费用。

(4)重大危险源、重大事故隐患的评估、整改、监控支出。

①对重大危险源、重大事故隐患进行辨识、评估、监控、监管费用。

②爆炸物、放射性物品的储藏、使用、防护费用。

③对有重大危险因素的分部、分项工程安全专项施工方案进行论证、咨询的费用。

(5)安全技能培训及进行应急救援演练支出。

①“三类人员”和特种作业人员的安全教育培训、复训费用。

②内部组织的安全技术、知识培训教育费用。

③组织应急预案演练费用。

(6)其他与安全生产直接相关的支出。

①召开安全生产专题会议等相关活动费用。

②举办安全生产为主题的知识竞赛、技能比赛活动费用。

③安全经验交流、现场观摩费用。

④购置、编印安全生产书籍、刊物、影像资料费用。

⑤配备给专职安全人员使用的相机、电脑等物品费用。

⑥安全生产奖励费用:发给专职安全员工资总额以外的安全目标考核奖励,安全生产工作先进个人、集体的奖励。

⑦建设单位和监理单位共同认定的其他安全生产费用。

(7)安全生产所需的各种表格可以参考附表1～附表16执行。

2.4.2 非安全生产费用

在以下范围内发生与安全生产相关的费用不得列入安全生产费用

(1)为从业人员办理的团体人身意外伤害险或个人意外伤害险费用。

(2)为职工提供的职业病防治、工伤保险,医疗保险费用。

(3)工地临时办公、宿舍、食堂等现场办公生活设施为达到安全要求所需费用。

(4)施工现场与外界的隔离、围挡设施费用。

(5)按正常施工作业所设置的基坑围护、防失稳支撑、支架、安全用电等设备费用。

(6)安全生产费用实行专款专用。施工单位应当建立健全项目安全生产费用管理、计取和使用制度,明确安全生产费用管理、计取和使用的程序、职责及权限。必须在规定许可范围内安排使用安全费用,不得挪用或挤占。

2.4.3 监督管理

(1)项目法人每月对从业单位的安全生产费用使用情况组织一次监督检查。

(2)监理单位应当加强对施工单位在施工现场的安全生产费用使用情况的检查。

(3)凡检查发现未落实安全生产费用,投入不足或未专款专用的,应当限期责令其改正,并对责任单位按有关规定进行处罚。

2.5 风险源辨识

2.5.1 风险源辨识主要包括3个步骤:工程资料的收集整理、施工作业程序分解、施工作业可能发生的安全事故辨识。

2.5.2 施工作业程序分解,按照施工组织设计所确定的施工工艺,划分分部分项工程及工序(单位)作业层次,明确单位作业主要工序、施工方法、作业程序、机械设备和材料特点。

2.5.3 施工作业程序分解后,通过相关人员调查、评估小组讨论、专家咨询等方式,分析评估单元中可能发生的典型事故类型,并形成风险源普查清单。

2.6 安全培训

2.6.1 安全培训的要求

(1)工程参建单位应严格执行国家、地方、行业及企业对员工安全教育培训的有关规定,适时组织员工和特种作业人员的教育培训工作,从业人员应按照规定持有效的资格证书上岗。未经安全生产教育培训考核或者培训考核不合格的人员,不得上岗作业。

(2)安全教育培训应坚持先培训、后上岗的原则;安全教育培训有“三类人员”培训、特种作业人员培训、进场安全教育、三级安全教育、班前(岗前)安全教育等形式。

(3)安全教育培训应贯穿施工全过程,并有计划地分层次、分岗位、分工种实施,所有安全教育要有受教育人的亲笔签名,其教育培训情况记入个人工作档案。

(4)“三类人员”应参加规定课时和规定内容的安全教育培训,取得考核合格证,并应在证书有效期内至少参加一次由交通运输主管部门组织的、不少于8学时的安全生产继续教育。

(5)特种作业人员应参加相关主管部门的安全培训,取得特种作业操作资格证书,并按规定参加复审培训。

(6)新工人进场应进行公司级、项目部级、班组级三级安全教育,公司级、项目部级不少于15学时,班组级不少于20学时。

(7)施工单位在采用新技术、新工艺、新设备、新材料时,应对作业人员进行相应的安全生产教育培训。

(8)新进人员和作业人员进入新的施工现场或转入新的岗位前,应进行安全生产培训。

(9)施工单位应对管理人员和作业人员进行每年不少于2次的安全生产教育培训。

(10)施工单位法定代表人、生产经营负责人、项目经理每年接受安全培训的时间不得少于30学时。

(11)专职安全管理人员每年应接受安全培训的时间不得少于40学时。

(12)其他管理人员和技术人员每年应接受安全培训的时间不得少于20学时。

(13)特殊工种(包括电工、焊工、架子工、司炉工、爆破工、机械操作工、起重工、塔吊司机及指挥人员、人货两用电梯司机等)在通过专业技术培训并取得岗位操作证后,每年仍须接受有针对性的安全培训,时间不得少于20学时。

(14)其他职工每年接受安全培训的时间不得少于15学时。

(15)企业待岗、转岗、换岗的职工,在重新上岗前,应接受一次安全培训,培训时间不得少于20学时。

2.6.2 教育内容

1)三级教育内容

(1)公司级教育内容。

①各级政府部门颁布的安全生产法律、法规。

②事故发生的一般规律及典型事故案例。

③预防事故的基本知识,急救措施。

(2)工程项目(施工队)级教育内容。

①各级管理部门有关安全生产的标准。

②施工基本情况和必须遵守的安全事项。

③施工用化工产品的用途,防毒知识,防火及煤气中毒知识。

(3)班组级教育内容。

①本班组生产工作概况,工作性质及范围。

②新工人个人从事生产工作的性质,必要的安全知识,各种机具设备及其安全防护设施的性能和作用。

③本工种的安全操作规程。

④本工程容易发生事故的部位及劳动防护用品的使用要求。

⑤工程项目中工人的安全生产责任制。

2)转场及变换工种安全教育。

(1)施工人员转入另一个工程项目时必须进行转场安全教育,见图4-2-5。

图4-2-5 转场安全教育

(2)转场教育内容。

①本工程项目安全生产状况及施工条件。

②施工现场中危险部位的防护措施及典型事故案例。

③本工程项目的安全管理体系、规定及制度。

(3)变换工种安全教育。

①凡改变工种或调换工作岗位的工人必须进行变换工种安全教育。

②变换工种安全教育时间不得少于4h,教育考核合格后方准上岗。

③教育内容:

a.新工作岗位或生产班组安全生产概况、工作性质和职责。

b.新工作岗位必要的安全知识,各种机具设备及安全防护设施的性能和作用。

c.新工作岗位、新工种的安全技术操作规程。

d.新工作岗位容易发生事故及有毒有害的地方。

e.新工作岗位个人防护用品的使用和保管。

3)特种作业安全教育内容

电工、焊工、爆破工、机操工及起重工、打桩机和各种机动车辆司机等特殊工种工人,除进行一般安全教育外,还要经过本工种的安全技术教育,经考试合格发证后,方准独立操作,每年还要进行一次复审;对从事有尘毒危害作业的工作,要进行尘毒危害和防治知识教育。

2.6.3　安全教育形式

(1)广告宣传式。包括安全广告、标语、宣传画、标志、展览、黑板报等形式。

(2)演讲式。包括教学、讲座、讲演、经验介绍、现身说法、演讲比赛等形式。

(3)会议讨论式。包括事故现场分析会、班前班后会、专题座谈会等。

(4)竞赛式。包括口头、笔头知识竞赛,安全、消防技能竞赛,其他各种安全教育活动评比等。

(5)声像式。用电影、录像等现代手段,使安全教育寓教于乐。主要有安全方面的广播、电影、电视、录像等。

2.6.4　安全教育计划

(1)结合项目实际情况,编制项目年度安全教育计划,每个季度应有教育重点,教育内容。

(2)严格按制度进行教育对象的登记、培训、考核、发证、资料存档等工作。考试不合格者、不准上岗工作。

(3)要有相对稳定的教育培训大纲、培训教材和培训师资,确保教育时间和质量。

(4)经常监督检查,认真查处未经培训就上岗操作和特种作业人员无证操作的责任单位和责任人员。

3 现场人员个人防护要求

3.1 现场施工着装规定

3.1.1 现场工作人员着装必须符合劳动防护的基本要求，不得穿着奇装异服、拖鞋、高跟鞋进入现场。

3.1.2 人员着装应随季节变化做相应调整。在冬季施工时，着装必须保证防寒防冻，在必要情况下，还应考虑护耳的耳套和加厚的保暖手套；夏季施工时，着装亦需满足肢体防护的基本要求，不允许穿短裤或裙子。

3.1.3 人员着装必须做到衣冠整洁，方便作业，并满足劳动防护的基本要求。按不同的工作要求正确穿着工作服，切实发挥工作服的劳动防护功能。

3.1.4 在操作转动机械，特别是台钻、砂轮机时，工作服的袖口必须扎紧。

3.1.5 对于特殊作业的工作人员，应根据作业要求穿着安全可靠的防护服。其中，从事普通电焊焊接作业的焊工应穿着不起静电、抗灼烧的工作服，使用专业焊工手套，戴防护眼镜。为避免飞溅的金属落入衣裤内致伤，衣裤的领扣应正确系好。

3.1.6 工作人员应爱惜工作服，及时更换和清洗，保证着装干净卫生。

3.1.7 带电作业人员作业时须穿着绝缘鞋。

3.1.8 施工作业时须佩戴安全帽。

3.2 现场施工人员统一着装要求

3.2.1 现场施工人员应统一着装。

3.2.2 施工单位现场作业人员统一佩戴橘黄色安全帽；管理人员统一佩戴红色安全帽；监理人员统一佩戴白色安全帽；项目法人及设计单位统一佩戴红色安全帽。

3.2.3 不断交施工及夜间施工时必须穿戴反光背心（图 4-3-1）。

图 4-3-1 反光背心

4　特种设备安全防护

4.1　特种设备主要类型

特种设备包括起重设备（龙门架、轮式起重吊车、履带式起重吊车、架桥机、塔吊、天车等）、高温高压设备（蒸汽锅炉）等。

4.2　具体要求

4.2.1　机械设备进场后，建立机械设备分类管理台账，特种设备应按照“一机一档”的原则建立管理档案。

4.2.2　设备应实施编号管理，现场应设有安全操作规程、机械设备标示牌（图 4-4-1）。

机械设备标示牌							
	设备名称				编　　号		
	规格型号				操作司机		
	机修负责人				电气责任人		
	进场日期				状　　态		

图 4-4-1　机械设备标示牌

4.2.3　特种设备进场前，应按照有关规定进行检验，证件必须齐全、有效，技术性能应满足要求，安全防护设施应可靠。

4.2.4　特种设备的安装调试、拆除等工作应由具备相关资质的单位承担。使用过程中应按规定对设备进行检查、维修、保养，并予以记录。

4.2.5　特种设备操作人员必须经专门的安全技术培训并考核合格，取得相应资格证书后，方可上岗。

4.2.6　起重作业前，必须严格检查起重设备各部件的可靠性和安全性。当被吊物的重量达到起重设备额定起重能力的 90% 以上时，应进行试吊。

4.2.7　起重作业时，严禁超载、斜拉和起吊埋在地下等不明重量的物件。提升重物时严禁自由下降，严禁使用起重设备运输施工人员。

4.3　龙门吊的安全防护

4.3.1　龙门吊轨道应采用铁路专用压板与地基基础进行固定，同时可以使用预埋钢筋辅助固定如图 4-4-2所示。

4.3.2　轨道基础两端必须安装行走限位装置，在大风天气钩头要与地锚或成品梁体固定，防止风力作用使龙门吊移位而发生倾覆。

4.3.3　龙门吊应使用专用控制闸箱，并保证两台龙门吊两端行走连锁装置保持同步，一旦产生不同步现象应能够自动切断电源，防止由于两端不同步导致吊梁时发生倾覆。

4.3.4　起重力矩限位器和钩头保险必须保证良好有效，轨道限位装置如图 4-4-3 所示。

4.3.5　拖地电缆宜设置在塑料或金属管材或电缆槽中。

图4-4-2　轨道基础

图4-4-3　轨道限位装置

4.4　轮式起重吊车及履带式起重吊车的安全防护

4.4.1　应定期检查轮式吊车（图4-4-4）液压起重部件及液压支腿的漏油情况，发现漏油立即组织维修。

4.4.2　轮式起重吊车应随车配备，支腿用枕木，在松软地质施工场所一定要使用枕木增加地基承载面，保证支腿稳定。

图4-4-4　轮式起重吊车

4.4.3　起重机应在平坦坚实的地面上作业、行走和停放。

4.4.4　作业时，起重臂的最大仰角不得超过出厂规定。当无资料可查时，不得超过78°。

4.4.5　履带式起重吊车如需带载行走时，载荷不得超过允许起重量的70%，行走道路坚实平整，重物应在起重机正前方向，重物离地不得大于500mm，并应拴好拉绳，缓慢行驶。严禁长距离带载行驶。

4.4.6　吊车起重力矩限位器和起重高度限位器一定要保证良好有效，钩头保险装置也应完好有效。

4.5　架桥机的安全防护

4.5.1　架桥机支腿处应铺设垫木并进行临时固结。

4.5.2　当现场实测风力达到6级（含）以上或雨雪中级（含）以上时，必须停止作业，并做好防护工作。

4.5.3　应设专人监控吊具、钢丝绳、制动装置、限位开关、防护栏和安全网等重要安全设备，并做好记录。

4.5.4　架桥机应设置有效的限位器，架桥机轨道尽头应设置缓冲器。

4.6　塔式起重机的安全防护

4.6.1　塔式起重机基础应能承受工作状态和非工作状态下的最大载荷，并满足塔机抗倾翻稳定性的要求。

4.6.2　两台及两台以上塔式起重机之间任何部位（包括吊物）的距离不小于2m。

4.6.3　遇六级以上大风、大雾、雷雨等恶劣天气时，禁止起重作业。

4.6.4 设备使用前,应对安全装置进行试运转,并保留记录。

4.6.5 施工作业前,应对主要安全装置进行安全检查,并保留检查记录。发现安全装置存在缺陷,应立即停止施工进行更换。

4.7 棚内天车的安全防护

4.7.1 天车工必须经体检合格后,方可上岗。凡有心脏病、高血压、眼、耳病者,不得担任天车驾驶工作。

4.7.2 做好交接班记录,接班询问上班设备运行情况,并经过检查确认与记录相符合后方可接班。

4.7.3 启动天车时必须鸣铃,确认天车和轨道无人工作后方可运行。

4.7.4 吊物不准从人头和重要设备上越过。

4.7.5 除试车以外,不准依赖限位来做停车用。

4.7.6 天车发生故障时,必须立即停车检查,停车时须挂“有人工作,严禁合闸”警示牌,并指定专人负责安全监护。

4.8 蒸汽锅炉的安全防护

4.8.1 锅炉系统操作人员,必须持有效相关证件上岗。

4.8.2 锅炉房及辅助设备间严禁闲杂人员入内,严禁烟火。

4.8.3 经常巡查各水、电、汽管线路,杜绝“跑冒滴漏”等现象发生。

4.8.4 压力表损坏,表盘不清时应及时更换。

4.8.5 进水管须加装水软化处理装置。

4.8.6 锅炉因严重缺水而紧急停炉时,严禁向锅炉进水,防止因缺水过热的受热面遇水冷却,造成更大的事故。

4.8.7 锅炉因满水紧急停炉时,应立即停止给水,并开启排污阀放水,使水位适当降低。同时开启主气管、分气缸和蒸汽母管等处的疏水阀,防止蒸汽大量带水和管内发生水击。

5 常用设备安全防护

5.1 常用设备

常用设备包括筑路机械(拌和机械、摊铺机械、整平碾压机械)、工程机械(装载机、挖掘机、推土机)、运输车辆及中小型机械。

5.2 筑路机械安全防护

5.2.1 设备状况应具有企业内部例保检查资料。

5.2.2 操作人员必须经过安全技术培训,考核合格后方可上岗。

5.2.3 作业中应观察或巡视机械、周围人员及环境状况,不得擅自离开岗位。

5.2.4 应按规定的周期检查、调校安全防护装置;不得随意拆除机械设备的照明、信号、仪表、报警和防护装置。

5.2.5 自行式机械作业前,必须进行检查,制动、转向、信号及安全装置应齐全有效。

5.2.6 机械设备外露的传动机构、转动部件和高温、带电部分应装设防护罩等安全防护设施,并设有明显的安全警示标志。

5.2.7 机械通过桥梁前,应了解桥梁的承载能力,确认安全后方可低速通过。严禁在桥面上急转向和紧急制动。

5.2.8 机械在道路上行驶时必须遵守交通管理部门的有关规定;通过桥洞前必须注意限高,确认安全后方可通过。

5.2.9 机械设备在发电站、变电站、配电室等附近作业时,不得进入危险区域。

5.2.10 压路机操作安全要求如下所示。

(1)在道路上短距离行驶时,应遵守交通规则,且时速不得超过5km。

(2)对松软路基及傍山地段进行初压前,必须勘察现场,确认安全后方可作业。

(3)作业中应随时观察作业环境,必须避开人员和障碍物。

(4)在碾压高填土方时,应从中间往两侧碾压,且距填土外侧距离不得小于50cm。

(5)压路机上、下坡应提前选好挡位,严禁在坡道上换挡。下坡时严禁空挡滑行。在坡道上纵队行驶时,两压路机间应保持一定的安全距离。

(6)多台压路机同时作业时,压路机前后间距应保持3m以上。

5.2.11 稳定土、石灰粉、煤灰类混合料拌和站安全要求如下所示。

(1)维修设备或清理搅拌机内、料斗、输送皮带上的物料时,应停机,并切断电源,设专人监护。

(2)作业时控制室操作人员不得擅自离岗,无关人员不得进入控制室。

(3)作业后应切断电源,关闭、锁好操作室门窗。

(4)电气设备必须装设防雨、防潮设施。电气设备的维修保养应由专业电工进行。

(5)运转过程中应设专人检查,发现故障时应立即通知控制室操作人员。

(6)设备运转前应进行检查,各部分装置应完好,螺栓无松动,漏电保护装置应灵敏有效,电气设备接地应完好,输送皮带上、搅拌机内应无凝固物料。

5.2.12 沥青混凝土摊铺机操作安全要求如下所示。

(1)自卸车向摊铺机料斗卸料时,必须设专人在侧面指挥,料斗与自卸车之间不得有人,作业人员应协调配合,动作一致;行驶前应确认前方无人,并鸣笛示警。

(2)作业前应检查连接部件、安全防护装置及仪表,部件连接应正常,安全防护装置应齐全,仪表应灵敏、正常。

(3)使用燃气加热熨平板时。管道应正确连接,无泄漏;使用人工点火的加热装置,应使用专用器具,点火时人员应保持一定安全距离,加热时应有人看护。

(4)安装和拆除熨平板时应设专人指挥,作业人员应协调一致。

(5)清洗摊铺机工作装置必须使用工具,清洗料斗及螺旋输送器时必须停机,并严禁烟火。

5.3 工程机械安全防护

5.3.1 操作人员必须持证上岗,严禁非专业司机作业。在工作中不得擅离岗位,不得操作与操作证不相符合的机械。严禁将机械设备交给无本机种操作证的人员操作。

5.3.2 每次作业前检查润滑油、燃油和水是否充足,各种仪表是否正常,传动系统、工作装置是否完好,液压系统以及各管路等是否有泄漏现象,确认正常后,方可启动。

5.3.3 操作人员必须按照本机说明书的规定,严格执行工作前的检查制度和工作中注意观察及工作后的检查保养制度。

5.3.4 驾驶室或操作室内应保持整洁,严禁存放易燃、易爆物品;严禁穿拖鞋、吸烟和酒后作业;严禁机械带故障运转或超负荷运转。

5.3.5 机械设备在施工现场停放时,应选择安全的停放地点,锁好驾驶室(操作室)门,拉上驻车制动闸。坡道上停车时,要用三角木或石块抵住车轮。夜间有专人看管。

5.3.6 对用水冷却的机械,当气温低于0℃时,工作后应及时放水,或采取其他防冻措施,防止冻裂机体。

5.3.7 施工时,必须先对现场地下障碍物进行标识,并派专人负责指挥机械的施工,确保地下障碍物和机械设备的安全。

5.3.8 作业之前,作业司机和施工队长必须对技术负责人所交底的内容进行全面学习和了解,不明白或不清楚时应及时查问。

5.3.9 作业期间严禁非施工人员进入施工区域,施工人员进入施工现场时严禁追逐打闹。

5.3.10 人、机配合施工时,人员不准站在机械前进行的工作面上,须站在机械工作面以外,压路机碾压时需要人工清理轮上黏土时,人工应在压路机的后面清理,严禁沿压路机前进方向倒退清理,防止后退时绊倒发生人身伤亡事故。

5.4 运输车辆安全防护

5.4.1 一般要求

(1)严格遵守交通规则和有关规定,驾驶车辆必须证、照齐全,不准驾驶与证件不符的车辆,严禁酒后开车。

(2)车辆发动后应检查各种仪表、方向机构、制动器、灯光等是否灵敏可靠,并确认周围无障碍物后,方可鸣号起步。

5.4.2 沥青混凝土混合料运输车

(1)运料车进入施工现场或拌和楼时,必须服从现场施工人员的指挥。

(2)运料车进入已经铺筑防水卷材或沥青层的路段后,行车速度应控制在10km/h,且严禁在其上紧急制动或原地掉头。

(3)热拌沥青混合料宜采用较大吨位的运料车运输，运料车的荷载应有富余，严禁超载(最大载质量不超过20t)或紧急制动、急转弯调头。

(4)运料车每次使用后必须清理干净，在车厢板上涂一薄层防止沥青黏结的隔离剂，但不得有余液积聚在车厢底部。从拌和机装料时，应多次挪动汽车的位置，平衡装料，以减少混合料的离析，运料车运输混合料应用帆布覆盖，保温、防雨、防污染。

(5)运料车进入施工现场时，轮胎上不得黏有泥土等可能污染路面的赃物，否则用水洗净后方能进场。沥青混合料在摊铺点凭运料单接收。

(6)运料车在卸料时，料车司机在进行正常车辆操作的同时，视线应紧盯反光镜，注意料车指挥人员的动作，配合其做好卸料工作，避免发生溢料。

(7)混合料的运输、等候过程中，如果发现有沥青结合料沿车厢板滴漏时，应立即通知现场施工人员，及时采取措施解决。

5.4.3　混凝土搅拌车

(1)使用前应检查滚筒和滑槽的外观是否有裂痕或损伤；检查滑槽止动器是否有松弛或损坏；检查拌和机构架缓冲件是否有裂痕或损伤；检查油压泵和油压马达是否有漏油。以上各部如有不良部件，应予整修。

(2)在车辆停止和清洗时，特别注意滚筒的驱动部分及其他旋转部位，切记被卷绕进去。

(3)在进料、排料作业或其他原因需要离开驾驶室时，应将车完全制动，并用制动器具楔定好车轮后，再进行作业。

(4)对操作杆的操作要小心在意，切记粗暴地操作。操纵滚筒的旋转时，一定要遵守“正转──→停止──→再反转”的程序，避免其快速的反转损坏机械。

(5)混凝土装料、搅拌、出料应遵守操作规则，将操纵杆置于规定位置，选择正确的旋转速度。根据工作条件，选择合理的搅拌时间，冬季混凝土必须在60min内到达现场，夏季混凝土必须在30～40min左右到达现场。

(6)工作完成后，彻底清洗机械。在清洗前必须确认水箱内装有水，严禁在无水情况下转动水泵。

5.4.4　自卸汽车

(1)发动后，应检试倾卸液压机构。

(2)配合挖土机装料时，自卸汽车就位后拉紧手刹车。如挖斗必须超过驾驶室顶，驾驶室内不得有人。

(3)卸料时，应选好地形，并检视上空和周围有无电线、障碍物以及行人。卸料后，车斗应及时复原，不得边走边落。

(4)向坑洼地卸料时，必须和坑边保持适当安全距离，防止边坡坍塌。

(5)检修倾卸装置时，应撑牢车箱，以防车箱突然下落伤人。

(6)自卸汽车的车箱内严禁载人。

5.5　中小型机械安全防护

5.5.1　主要内容

中小型机具包括电焊机、钢筋弯曲机、钢筋伸直机、气焊机、切缝锯缝机等。

5.5.2　具体要求

(1)各种施工机具运到施工现场，必须经检查验收确认符合要求挂合格证后，方可使用。

(2)所有用电设备的金属外壳、基座除必须与PE线连接外，且必须在设备负荷线的首端处装设漏电保护器。对产生振动的设备其金属基座、外壳与PE线的连接点不得少于两处。

(3)每台用电设备必须设置独立专用的开关箱，必须实行“一机一闸一箱、一漏、一锁”并按设备的计算负荷设置相匹配的控制电器。

(4)各种设备应按规定装设符合要求的安全防护装置。

(5)作业人员应按机械保养规定做好各级保养工作。机械运转中不得进行维护保养。

5.5.3 电焊机的安全防护

(1)电焊机必须有完整的防护外壳,一、二次接线柱应有保护罩,如图4-5-1所示。

(2)现场使用的电焊机应设置可防雨、防潮、防晒的机棚,并备有消防用品。

(3)应注意初、次级线不可接错。输入电压必须符合电焊机的铭牌规定,严禁接触初级线路的带电部分。

(4)焊接时,焊接和配合人员必须采取防触电、高空坠落和火灾等事故的安全措施。

(5)高空焊接、切割或临边操作时,必须挂好安全带,下方采取防火措施,并有专人监护。

(6)雨天不得露天焊接,在潮湿地带作业时,操作人员应站在铺有绝缘物品的地方,并穿好绝缘胶鞋。

(7)作业后,清理场地,灭绝火种,切断电源,锁好配电箱,消除焊料余热后,方可离开。

5.5.4 气焊设备的安全防护

(1)氧气瓶应设有防护圈和安全帽,瓶阀不得黏有油脂。场内搬运应采用专门抬架或小推车,不得采用肩扛、高处滑下、地面滚动等方法搬运。气焊设备如图4-5-2所示。

图4-5-1 电焊机

图4-5-2 气焊设备

(2)严禁氧气瓶和其他可燃气瓶(如乙炔、液化石油等)同车运输和在一起存放。

(3)氧气瓶距明火应大于10m,瓶内气体不得全部用尽,应留有0.1MPa以上的余压。

(4)夏季应防止暴晒,冬季当瓶阀、减压器、回火防止器发生冻结时可用热水解冻,严禁用火焰烘烤。

(5)气焊作业应使用乙炔瓶,不得使用浮筒式乙炔罐。

(6)乙炔瓶存放和使用必须立放,严禁卧放。

(7)乙炔瓶的环境温度不得超过40℃,夏季应防止暴晒,冬季发生冻结时,应采用温水解冻。

(8)气焊、气割应使用专用胶管,不得通入其他气体和液体,两根胶管不得混用(氧气胶管为红色,乙炔胶管为黑色)。

(9)胶管两端应卡紧,不得有漏气,出现折裂应及时更换,胶管应避免接触油脂。

(10)操作中发生胶管燃烧时,应首先确定哪根胶管,然后折叠、断气通路、关闭阀门。

(11)乙炔瓶必须安装回火防止器。当使用水封式回火防止器时,必须经常检查水位,每天更换清水,检查泄压装置是否保持灵活完好;当使用干式回火防止器时,应经常检查灭火管具并应防止气孔堵塞。

(12)氧气瓶和乙炔瓶使用时的安全距离不小于5m。

6 临时用电安全

6.1 一般规定

6.1.1 临时用电安全技术档案的内容应按临时用电规范规定的内容整理，由现场主管电气的技术人员负责建立与管理，临时用电拆除后应统一归档。

6.1.2 现场需要用电时，必须提前提出申请，经用电管理部门或现场负责人批准，通知维护班组进行接引。

6.1.3 临时用电组织设计及变更，必须履行“编制、审核、批准”的程序；施工现场临时用电方案编制人员应具备电气工程师资格，方案经相关部门审核及施工单位技术负责人批准，报监理单位审查通过后实施。

6.1.4 临时用电工程必须经编制、审核、批准部门和施工单位共同验收，合格后方可投入使用。

6.1.5 安装、巡检、维修或拆除临时用电设备和线路必须由电工完成，并应有人监护。

6.2 具体要求

6.2.1 电工须经技术资格考核合格后，并持有效操作证方可上岗工作，并按规定及时办理延期复审；其他用电人员必须通过相关安全教育培训和技术交底，考核合格后方可上岗工作。

6.2.2 现场全面取缔铝制导线，一律采用优质国标、铜质线缆，特殊环境使用铝制线缆，与外线铜线接头处要经过专业技术处理。

6.2.3 在同一施工现场必须采用同一种保护系统，严禁同时采用接零、接地等多种系统保护形式，当施工现场与外电线路共用同一供电系统时，应根据当地的要求选择保护系统，并与外界保持一致。

6.2.4 在做接地地极及重复接地装置时，应使用角钢、钢管或圆钢，接地体的长度不小于2.5m，重复接地埋设的深度在0.6m以上，两根接地体间距应在5m以上，接地线应采用多股铜线，其截面积不应小于保护零线的截面。

6.2.5 在施工工程外侧与边缘有外高压电线，安全距离小于最小规定要求时，应加屏障遮护，用围栏或防护网进行防护，防止塔吊、脚手架以及长钢筋等触及高压线发生事故。

6.2.6 应定期使用专业的漏电保护器测试仪对电闸箱内的漏电保护器逐一进行额定漏电动作电流、额定漏电不动作电流、额定漏电动作时间的测试，发现有不符合漏电保护器铭牌上标注的正常值范围的漏电保护器要求一律更换，同时遵守更换相同技术参数及品牌漏电保护器的原则。

6.2.7 现场电源接头用绝缘胶布包扎良好，接头处要做好防水处理，不能放在潮湿地上和水中，不得使用破皮、老化的电缆线。在车辆进出的过道处和易受机械损伤的部位要加套管保护，套管接头处应焊接牢固，防止由于横向剪切力作用致使接头处破损导致触电事故。

6.2.8 所有电闸箱进场要求由经过安全培训的电工统一上锁管理，同时所有闸箱要明确标注所控制的用电设备名称，电工每天进行巡视接线、检查，坚决不允许超负荷用电和在漏电保护器下口接线的情况出现。

6.2.9 由专业电工人员每天现场检查总电箱、分配电箱、末端开关箱、设备外壳4个部位上的保护零线是否接好，并定期遥测保护零线的通畅性，若发现任何一级保护或设备外壳没有与保护零线接好或保护零线断裂，要求立即接好或更换线缆。

6.2.10 做好各类电动机械和手持电动工具的接地或接零保护,防止发生漏电。并要求操作人员穿戴相关的绝缘保护工具。

6.2.11 室内照明灯具低于2.5m或彩板房内照明时应采用36V安全电压,线路采用线槽敷设。使用220V电压时应设专人管理,使用专用回路,加设符合规定的短路、过载和漏电保护器。严禁私接、乱拉电源线路。宿舍内严禁使用电炉、电热毯和“热得快”等电器产品。

7 消 防 安 全

7.1 一般要求

公路工程施工现场的消防安全由施工单位负责，公安消防机构依照建设工程消防验收评定标准对项目驻地及施工现场的消防设施、防火间距、消防车道、消防水源等进行检查验收。

7.2 建立消防安全组织

7.2.1 建立消防安全领导小组，负责施工现场的消防安全领导工作，由安全部具体实施。

7.2.2 项目经理是施工现场的消防安全第一责任人，对施工现场的消防安全工作全面负责；同时确定一名分管领导为消防安全管理负责人，具体负责施工现场的消防安全工作；成立应急消防队，负责消防器材维护和初期火灾扑救工作。

7.2.3 在制定的施工组织设计或方案中，应明确消防设施配置，消防控制的重点部位、内容和目标，消防组织、管理、技术等措施内容，并按要求进行交底。

7.2.4 定期召开消防安全会议，分析和解决有关问题，对施工人员进行消防安全教育和培训。

7.2.5 制定并落实消防安全检查制度和火灾隐患整改制度。

7.2.6 制定易燃易爆化学物品使用与储存的防火、灭火制度和措施。

7.2.7 建立并落实消防设施、设备和器材的定期检查、维修、保养制度。

7.2.8 按规定落实各项防火安全措施费用，负责防火安全措施费用使用管理工作并建立台账，做到费用专款专用。

7.2.9 在开工前，应成立消防应急救援组织和机构，编制防火应急救援预案，并定期组织消防应急救援演练，如图 4-7-1 所示。

a)

b)

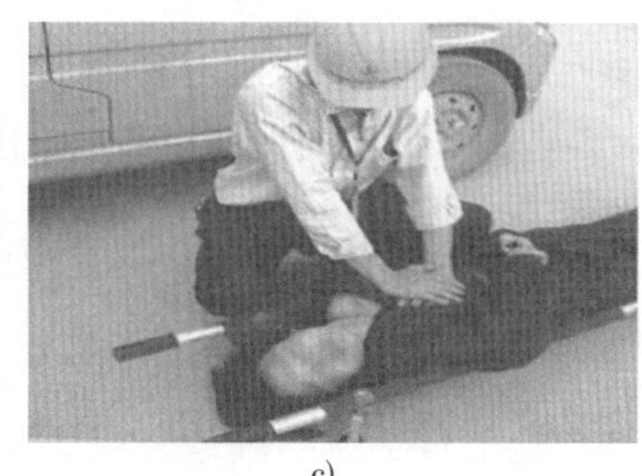

c)

图 4-7-1 消防应急救援演练

7.2.10 在施工现场设置的临时便道或便桥应满足消防车辆通行的要求。

7.2.11 项目消防管理机构和人员应做好日常的消防检查工作，项目主要负责人应定期组织防火安全检查工作，及时消除火险隐患。重点检查施工现场生活区、办公区、作业区的防火安全措施、设施和器材。

7.2.12 建立消防档案，应包括施工组织设计、有关消防方案、交底记录、会议记录、培训教育记录、安全检查记录、隐患整改通知单以及整改记录、消防器材台账及平面布置图、应急预案及演练记录、纠正和预防措施记录等。

图 4-7-2　消防器材

7.3　消防器材的配备

7.3.1　施工现场应按照火源性质，配备适宜消防器材，如图 4-7-2所示。

7.3.2　施工单位应选用国家和邯郸市质量技术监督管理部门认定的消防产品。

7.3.3　施工现场生活办公区、物料加工区和易燃易爆品储存区应至少各配备一套消防器具(包括消防桶、消防铣、消防钩)和一定数量的黄沙池，布置在便于取用和易发生火灾的重要点位。

7.3.4　动火作业区、办公区、宿舍、食堂、仓库等防火部位，每 $80m^2$ 应配备 2 个 4L 的灭火器。

7.3.5　物料加工区、物料堆放区、配电区域等防火部位，每 $2m^2$ 应配备 1 具种类适宜的灭火器；易燃易爆品储存区应配备足够数量种类适宜的灭火器；重点部位应配备不少于 4 具的灭火器材，要有明显的防火标志。

7.3.6　灭火器必须设置在醒目和便于使用的地方。

7.3.7　灭火器及其他消防器具应当加强保养和检查，确保处于有效状态。

7.4　项目驻地消防安全

7.4.1　施工现场宿舍和办公用房必须独立设置；临时用房应用符合要求的阻燃材料搭设。

7.4.2　宿舍和办公用房每幢建筑防火间距不得小于 5m，且在明显位置设安全标语时刻敲响安全警钟，如图 4-7-3 所示。

图 4-7-3　消防安全标语

7.4.3　每间宿舍和办公用房至少开设一门一窗。

7.4.4　宿舍和办公用房内电气必须按有关规定进行安装，严禁乱拉接电线，严禁使用“热得快”、电褥子等电器以及碘钨灯、电炉等大功率电器，严禁用明火取暖。

7.4.5　公共场所严禁吸烟。

7.4.6　施工现场应单独设置食堂，不得与宿舍、办公用房合建。液化石油气钢瓶放置、使用必须符合防火防爆及相关要求。

7.5　料场及施工现场消防安全

7.5.1　施工组织设计编制时，施工总平面图、施工方法和施工技术均要符合消防安全要求。

7.5.2　施工现场应明确划分用火作业、易燃可燃材料堆场、仓库、易燃废品集中站和生活区等区域。

7.5.3　施工现场夜间应有照明设备，保持消防车道畅通无阻，并要安排人员加强值班巡逻。

7.5.4　施工作业期间需搭设临时性建筑时，必须经施工企业技术负责人批准，施工结束后应及时拆除。但不得在高压架下面搭设临时性建筑物或堆放可燃物品。

7.5.5　施工现场应配备足够的消防器材，指定专人维护、管理、定期更新，保证完整好用。

7.5.6　施工现场的焊、割作业，必须符合防火要求。

8　易燃易爆物品存放

易燃易爆物品存放中应注意下列事项：

(1)采购、管理和使用化学危险品的人员，应熟悉各类化学危险品的特性、防火措施及灭火方法。

(2)物品入库对规格、数量、质量包装应认真检查验收，并及时下账。与入库单有出入或物品质量不良时，保管员有权拒绝接收。

(3)化学危险品的储存应按性质分类存放，并设置明显的标志，注明品名、特性、防火措施和灭火方法。

(4)互相接触容易引起燃烧、爆炸的物品及灭火方法不同的物品应该隔离储存；遇水容易发生燃烧、爆炸的物品，不得存放在潮湿或容易积水的地点。

(5)性质不稳定、容易分解和变质以及混有杂质而容易引起燃烧、爆炸的化学危险物品，应该经常检查，测温化验，防止自燃、爆炸。

(6)存放化学危险品的仓库和正在使用化学危险品的试验室，严禁动用明火和带入火种，电气设备、开关、灯具、线路必须符合防爆要求。工作人员不准穿带有钉子、铁掌的鞋和化纤类衣服，非工作人员严禁入内。

(7)发放物品，严格履行发放手续，保证数量准确，质量合格，当面点清。出库后，一切由领用人负责。

(8)变质、过期报废物品，应报领导及保卫处后，统一处理。

(9)仓库内配置足量相应的消防器材，应经常检查维修，确保完备好用。消防器材的布局要明显，不得随意搬动，挪作他用，管理人员应掌握灭火器材的使用方法，增强防火意识。

9 防洪防汛

9.1 一般要求

9.1.1 成立防汛领导小组，提前做好防护布置，统一调度，统一指挥防汛工作。

9.1.2 雨季施工前，项目部应根据现场具体情况，编制雨季实施性施工计划，对将在雨季施工的工程做出合理安排，备足雨季施工材料和防护用品，报请监理工程师批准后，方可进行雨季施工，如图 4-9-1 所示。

a)

b)

图 4-9-1 防汛演练和防汛物资

9.1.3 应与当地气象水文部门加强联系，了解掌握当地的自然、气候、地质情况及本标段的具体情况、施工任务，有针对性地编写施工组织设计及技术措施。

9.1.4 雨季以砂类土、碎砾土和岩石为主的施工地段，除施工车辆外，严格控制其他车辆在施工场地通行。

9.1.5 住地、库房、车辆机具的停放场地、生产设施应设在最高洪水位以上的地点，并远离泥石流沟槽冲积堆。

9.1.6 修建临时的排水设施，应保证作业场地不被洪水淹没并能及时排除地表水。

9.1.7 应提前储备足够的工程材料和生活物资，避免雨季因备料困难而影响工程进度。

9.1.8 在施工前应充分调查了解洪水情况，保证临建设施使用安全。

9.1.9 遇暴风雨时，应停止一切工作面的工作，保证工程及生产、生活设施的安全，使损失降低到最低程度，并有利于生产的重新恢复。

9.2 主要项目雨季施工措施

9.2.1 土方开挖

(1)路堑应分段开挖，挖好一段浇筑一段垫层。

(2)雨季开挖路堑或管沟时，应注意边坡稳定。必要时可适当放缓边坡或设置支撑。

(3)施工前应有防雨措施，路堑周边砌筑 20cm 高挡水墙，防止地面水流入路堑内。

(4)施工时，加强对边坡、支撑、土堤等的检查，必要时适当放缓边坡坡度或设置支撑，以防坑壁受水浸泡造成塌方。

(5)施工机械和行驶道路应采取防滑措施,以保证行车安全。

(6)不允许松散土淋雨,紧急时应在雨前初压。雨后进行复压,必要时翻晒,确不能用者应予废弃。

9.2.2　路基填筑

(1)路基须超填50cm宽,并在填筑时做好急流槽及相应排水措施。

(2)应及时做好边坡防护工程。注意路基横坡控制,碾压工艺,避免出现坑洼积水。

(3)新上土松散不允许淋雨,紧急时应于雨前初压,雨后天晴及时进行复压,必要时进行翻晒,翻晒后仍不能用者应予废弃。

9.2.3　防护工程

(1)雨期施工,下雨天应停止作业。

(2)小雨在施工完30min后,中雨和大雨应在初凝后,方允许无遮盖雨淋,否则应进行覆盖。

(3)刚施工完的植草灌木防护应避免雨淋,在养生期过后,边坡稳定后方可无遮盖。

9.2.4　桥梁及涵洞工程

(1)钢筋堆放时,下部应垫混凝土条块,雨天应覆盖塑料布。雨后应对钢筋表面进行检查,做好除锈工作。

(2)雨天不得在无任何挡雨措施的场地进行焊接作业。焊接接头焊后不能立即接触雨水,焊接设备应注意防潮、防雨和防高温。

(3)模板应选择耐雨水冲刷的模板脱模剂,大雨过后应检查一下,如有冲洗掉的现象及时补刷。模板支撑应牢固,并随时进行检查,支撑落在土地上时应加通长垫板。模板内积水应清除干净。

(4)混凝土浇筑前应了解当天的气象情况,以防因大雨被迫中断混凝土浇筑,造成技术上的困难。对于浇筑完未终凝的混凝土,如遇降雨,及时用塑料布覆盖,以防水泥浆流失。

10 现 场 标 志

10.1 一般要求

10.1.1 现场安全标识应用以表达特定的安全信息，提醒人们注意不安全因素，防止事故的发生，起到保障安全的作用。

10.1.2 施工现场在有助于提醒人们注意安全的醒目的地方，必须设置安全标志牌。

10.1.3 项目部选购和制作的标志牌必须符合《文明工地建设标准》的要求。

10.2 设置要求

10.2.1 标志牌的高度应该尽量与人眼视线高度相一致。标志牌平面与人眼视线夹角应接近90°，观察者位于最大观察距离时，最大夹角不大于75°，如图4-10-1所示。

图4-10-1 标志牌

10.2.2 施工标志不应放在门、窗、架等活动物品上，以免这些物品移动后影响标志使用功能，标志牌前不得放置阻碍认读的障碍物。

10.2.3 施工现场标志牌一定要先设计，后布置。项目技术和安置负责人应根据现场实际情况设计有针对性、合理的安全标志牌，平面布置图，以及其他业主要求的安全文明标志牌，并以此进行布置，具体位置要求见附表4。

10.2.4 施工现场安全标志牌不得随意移动，如需移动，须经项目经理批准，并备案后及时通知所有员工。

10.2.5 标志牌如发现有变形、破损、褪色等问题时应及时整改或更换。

10.3 安全色与安全标志释义

10.3.1 安全色含义

(1)红色:禁止、停止。

(2)黄色:警告、注意。

(3)蓝色:指令，必须遵守的规定。

(4)绿色:安全状态，通行。

10.3.2 安全标志

(1)禁止标志:几何图形是带斜杠的圆环，圆环与斜杠相连用红色，背景用白色，图形符号用黑色绘画，如附表17所示。

(2)警告标志:几何图形是黑色等边三角形，黄色背景，中间图形符号用黑色，如附表18所示。

(3)命令标志:几何图形是圆形，蓝色背景，图形及文字用白色。

(4)提示标志:几何图形是方形，背景用红、绿色，图形符号及文字用白色。

11 路基路面现场施工安全要求

11.1 路基施工安全

11.1.1 土方开挖作业

(1)工人入场前必须进行三级教育,经考试合格后,方可进入施工现场。

(2)所有人员进入施工现场必须戴合格安全帽,系好下颚带,锁好带扣。

(3)土方开挖必须严格按照施工组织设计和土方开挖方案进行。

(4)开挖深度超过1.5m,应设人员上下坡道,以免发生坠落。危险处,夜间应设红色标志灯;普通开挖段周边用反光锥、水马等安全用具围挡,每5m一处,两个之间用彩条旗连接。

(5)任何人严禁在坑底休息。

(6)基坑上口周边必须用细石混凝土做挡水台和排水沟,确保排水畅通,保证边坡的稳定。

(7)夜间挖土时,施工场地应有足够的照明。

(8)土方施工中,施工人员应经常注意边坡是否有裂缝,一旦发现,立即停止一切作业,待处理和加固后,才能进行施工。

(9)开挖土方时,应有专人指挥,防止机械伤人或坠土伤人;挖土机的工作范围内,不准进行其他工作。

(10)基坑边1m以内不得堆土、堆料、停置机具。

(11)基坑开挖时,两人操作间距应大于2.5m。多台机械开挖,挖土机间距应大于10m。在挖土机工作范围内,不许进行其他作业。

(12)挖土应自上而下,逐层进行,严禁先挖坡脚或逆坡挖土。

(13)基坑开挖应严格按要求放坡,操作时应随时注意土壁的变动情况,如发现有裂纹或部分坍塌现象,应及时放坡或支撑处理,并注意支撑、防护的稳固和土壁的变化,确定安全后,方可进行下道工作,有护坡桩和护坡墙的基坑在开挖时,定人定时对边坡进行监测。

(14)基坑上下应先挖好阶梯或开斜坡道,采取防滑措施,禁止攀边坡上下。

(15)重物距边坡应有一定距离,汽车不小于3m,起重机不小于4m,土方堆放不小于1m,堆土高度不超过1.5m,材料堆放应不小于1m。

(16)挖土机也按规定离坡边有一定的安全距离,以防塌方,造成翻车事故,一般距离不小于1~1.5m。

(17)坑上人员不得向坑内扔抛物品,避免物体打击事故。

(18)土方开挖时,禁止酒后作业,严禁嬉戏打闹,禁止操作与自己无关的机械设备。

11.1.2 回填土作业

施工现场安全注意事项:

(1)入场前必须进行安全教育培训,经考试合格后方可上岗。

(2)进入施工现场必须戴好合格的安全帽,系好下颌带。

(3)现场禁止吸烟。

(4)严禁酒后作业。

(5)禁止穿拖鞋、赤脚、光背。

(6)禁止追逐打闹。

(7)照明灯、打夯机等用电设备必须有可靠的接零。

(8)禁止私自拆除或移动防护设备设施及电器设备。

11.1.3 防护工程

(1)防护工程砌筑:边坡防护作业,必须搭设牢固的脚手架;砌石工程必须自下而上砌筑,石块破碎或改小时,不得在脚手架上进行。护墙砌筑时,墙下严禁站人,抬运石块上架,跳板应坚固,并设防滑条。架上作业时,架下不准有人操作或停留。上面进行砌筑时下面严禁勾缝作业。

(2)砂浆搅拌机作业:搅拌机应安置稳妥、固定,开机前必须确认传动及各部装置牢固可靠,操作灵活,运转中严禁用手或木棒等伸进筒内清理筒的灰浆。作业中如发生故障,应立即切断电源,并将筒内砂浆倒出,待排除故障经试运站正常后,方可再进行搅拌作业。

(3)人工挖基作业时,从基坑内抛上的土方应边挖边运。土台分层抛掷传运出土时,台阶宽度不得小于0.8m,高度不得大于1.5m。基坑上边缘暂时堆放的土方至少应距坑边1m以外,堆放高度不得超过1.5m。

11.2 路面施工安全

11.2.1 基层施工

(1)消解石灰,不得在浸水的同时边投料、边翻拌,施工人员应远避,以防烫伤。

(2)装卸、洒铺及翻动粉状材料时,操作人员应站在上风侧,轻拌轻翻减少扬尘。散装粉状材料宜使用粉料运输车运输,否则车箱上应采用篷布遮盖,装卸尽量避免在大风天气下进行。

(3)洒水车作业:洒水车在上下坡及弯道运行中,不得高速行驶,避免紧急制动,洒水车驾驶室外不得站人。

(4)石灰粉煤灰稳定土施工:严格按照施工规范和各种机械的操作规程施工,在作业地点挂警告牌,严禁违章作业,严禁非施工人员进入施工现场。施工机具、车辆及人员与电气线路应保持足够的安全距离,不能保证时应采取可靠的安全防护措施。卸料车应有专人负责指挥,卸料时,卸料车附近严禁站人。人工清除黏在压路机滚动轮上的混合料时,必须跟在压路机后作业,严禁在压路机前面倒退作业。夜间施工必须有足够的照明设备。在开放交通的道路上施工时,对施工区域周围应进行围护并设置安全警示标志,施工人员应穿醒目的反光标志的服装,确保施工安全。

(5)路缘石、路肩石、盖板铺装和砌筑:装卸路缘石、路肩石、盖板的人员应戴手套、穿平底鞋,必须轻装轻放,严禁抛掷和碰撞,防止挤手、砸脚等事故的发生。用机动翻斗车运送材料时,司机必须持证上岗,不得违章带人行驶。在通行的路段上作业时,工作人员必须穿反光背心和戴安全帽,在作业路段周围应设置安全警示标志,并对作业区域进行围护,确保安全。

11.2.2 沥青混凝土路面施工

(1)沥青操作人员均应进行体检。凡患有结膜炎、皮肤病及对沥青过敏反应者,不宜从事沥青作业。从事沥青作业的人员,皮肤外露部分均须涂抹防护药膏。工地上应配有医务人员。

(2)沥青操作工的工作服及防护用品,应集中存放,严禁穿戴回家和进入集体宿舍。

(3)沥青混合料摊铺机摊铺作业,应遵守下列规定:

①沥青混凝土铺装前,应听取天气预报,避开阴雨天施工。若遇上雨天,已经摊铺的沥青混凝土要在雨前及时的碾压封层,未碾压被雨水浸泡的沥青混凝土应在雨后需铲除。

②施工现场必须做好交通安全工作,施工区段应进行封闭,严禁非施工车辆入内。交通繁忙的路口应设立警示标志,并设专人指挥。夜间施工,路口及基准桩附近应设置警示灯或反光标志,灯光必须明亮且无任何阴暗角落,照明须设专人管理。

③卸料车卸料和交通导流应设有专人负责指挥和管理,并有专人负责指挥摊铺机摊铺作业。

④路口处施工应有专人负责指挥和管理。临时封闭交通,应设专人负责指挥社会车辆。等铺装完毕后,路面温度冷却后方可恢复交通。

⑤现场所有操作人员必须按规定佩戴合格的防护用具。

⑥驾驶台及作业现场要视野开阔，清除一切有碍工作的障碍物。作业时无关人员不得在驾驶台上逗留。驾驶员不得擅离岗位。

⑦运料车向摊铺机卸料时，须设专人指挥，保证车辆动作协调、同步行进，防止互撞。

⑧施工车辆进入现场后行驶速度应控制在 15km/h 内，避免车辆高速行驶造成交通事故。

⑨用柴油清洗摊铺机时，不得接近明火。

(4)压路机碾压作业。

压路机前后轮的刮板，应保持平整良好。碾轮刷油或洒水的人员应与司机密切配合，必须跟在辗轮行走的后方，要注意压路机转向。

11.3　特殊路段施工现场安全

11.3.1　过村段安全要求

(1)警示警告标志标牌：安全标志设在与安全有关的醒目地方，使过路行人及车辆看见，并有足够的时间来注意它所表示的内容，如禁止入内、注意安全、当心坑洞、当心坠落等。

(2)反光防撞锥、防撞桶：在施工地段应放置锥形交通路标和防撞桶。间距 5m 设置，一道之间用彩条旗连接。

(3)夜间警示灯：在工作区防护护栏上悬挂夜间警示灯，在施工作业区周围布设隔离栅。

(4)围护结构必须封闭合拢后才能开挖，机械挖土分层进行，合理放坡，防止塌方、溜坡等事故发生。开挖过程中如有异常现象，应立即停止开挖，及时上报，并采取加固措施。

(5)施工期间，安全员全面负责安全监督工作，每天不定期巡查各个基坑施工安全情况，发现不安全因素，随时排除，并采取有效预防措施。

11.3.2　安全标志

(1)禁止标志：几何图形都是带斜杠的圆环，圆环与斜杠相连用红色，背景用白色，图形符号用黑色绘画，具体的设置要求见附表 17。

(2)警告标志：几何图形是黑色等边三角形，黄色背景，中间图形符号用黑色，具体的设置要求见附表 18。

(3)命令标志：几何图形是圆形，蓝色背景，图形及文字用白色。

(4)提示标志：几何图形是方形，背景用红、绿色，图形符号及文字用白色。

12 桥梁施工现场安全

12.1 脚手架

12.1.1 操作人员必须是经过考核合格的专业架子工。上岗人员应定期体检,合格者方可持证上岗。作业时须佩戴安全帽,系安全带,穿防滑鞋。

12.1.2 安全方案经应施工单位技术部门编制、安全部门审核、公司总工批准,报监理工程师审批。

12.1.3 严禁在脚手架基础及临近处进行挖掘作业。

12.1.4 拆搭脚手架时,地面应设围栏和警戒标志。

12.1.5 遇6级及以上大风、雨雪、大雾天气时,应停止脚手架的搭设与拆除作业。雨、雪后架上作业应有防滑措施,并扫除积雪。

12.1.6 各种脚手架应根据施工要求选择合理的构架形式,并制定搭设、拆除作业的程序和安全措施。

12.1.7 钢管脚手架连接材料应使用扣件,接头应错开,螺栓应紧固,立杆底端须使用立杆底座。

12.1.8 脚手架高度大于10m时,应按规定设置缆风绳。缆风绳的地锚应设置围栏。

12.1.9 搭设在水中的脚手架,应经常检查受水冲刷情况,发现松动、变形或沉陷应及时加固。脚手架上作业人员应佩戴救生设备。

12.1.10 跨径大于18m或高度大于8m的脚手架,须经具有甲级设计资质的设计单位验算。

12.2 高空作业安全措施

12.2.1 高度超过2m须采取必要的安全措施。

12.2.2 从事高空作业人员应定期或随时体检,发现不宜登高的病症,不可从事高空作业。严禁酒后登高作业。

12.2.3 高空作业人员与地面联系,应配有通信设备或有专人负责。

12.2.4 高空作业人员必须严格按规定拴好安全带,戴好安全帽。

12.2.5 禁止上下交叉作业,若无法错开时,应先采取安全防护措施。

12.2.6 架空钢丝绳上有节头、卡子、滑车等障碍时,禁止在没有安全防护措施的情况下翻越。

12.2.7 高空作业人员须穿软底轻质鞋,所需材料事先准备齐全,工具事先放在工具袋内,拴稳挂牢。

12.2.8 人工倒运钢丝绳上高空,中间休息时应用卡子卡死下滑部位,防止钢绳受力滑动伤人。

12.2.9 搭设脚手架,铺设走道板,禁止搭空头板,走道板应满铺,随铺随钉。

12.2.10 高空作业工作平台外侧应设置防护栏。

12.2.11 在6级以上大风、雷雨、大雾等不良天气或视线不清时应停止高空作业。

12.3 模板安装及拆除安全措施

12.3.1 在基坑内支模板时,应先检查基坑有无塌方迹象,确认无误后方可操作。

12.3.2 用机械吊运模板时,吊点下方不得站人或通行。模板下方距地面1m时,作业人员方可靠近操作。

12.3.3 向基坑内吊运材料和工具时,应设溜槽或绳索系放,不得抛掷。机械吊送应设专人指挥,模板应捆绑牢靠,基坑内操作人员应避开吊运材料。

12.3.4　人工搬运支立较大模板时,应设专人指挥,使用的绳索要有足够强度,绑扎牢固。支立模板时,应先固定底部再进行支立,防止滑动或倾覆。

12.3.5　高空作业时应将工具装在工具袋内,传递工具不得抛掷,不得将工具放在平台和木料上,更不得插在腰带上。

12.3.6　支立模板应按工序操作,当一块或几块模板单独竖立较大模板时,应设临时支撑,上下必须顶牢。整体模板合拢后,应及时用拉杆斜撑固定牢靠,模板支撑不得接触脚手架。

12.3.7　使用斧锤须顾及四周上下安全,防止伤及他人。

12.3.8　拆除模板时应制定安全措施,按顺序分段拆除,不得整体拆除,不得留有松动或悬挂的模板,严禁硬砸或用机械大面积拉倒。

12.3.9　拆除模板时禁止双层作业。3m 以上模板在拆除时,应用绳索拉住或用起吊设备缓慢送下。

12.4　梁板吊装

12.4.1　防止梁板运输事故发生

(1)梁板运输的便道应平整,无障碍物。地基承载力应达到要求,宽度满足梁板通行要求。

(2)运梁车的车况满足运梁要求,在运输前需进行全面检查,运梁车驾驶员必须持证上岗。

(3)T 梁在装卸车前,必须将龙门架的滚轮及运输车的车轮前后用三角木支垫好,以防滚动。装车时,梁、板的纵向中心线应与拖车的托架中心严格对中,重心应落在台车纵向中心线上,严禁中心偏位,偏差不得超过 20mm。

(4)梁、板必须绑牢、稳定,拖车的托架上应有相应的保护措施,如用橡胶皮包裹或用方木支垫等,以防止梁体损坏。在梁、板的两侧设置临时支撑以防止梁板倾覆。并进行检查,确保无误以后方可运输出场。

(5)运输过程中,应在梁车两侧安全距离内由专人沿路看护及指挥过往车辆与行人,预防梁片支撑松动;梁体的两边严禁有人或过往车辆。运行至上坡或下坡路段,操作人员必须在车后随时准备打楔,防止溜车。

12.4.2　防止架桥机拼装、行走和梁板安装事故

(1)架桥机由专门厂家生产,并由厂家直接拼装,熟悉架梁工法和过孔工法的人员进行操作架梁,在工作中不准打瞌睡,酒后禁止吊运工作。

(2)吊装前应检查轨道是否平整可靠;运梁车重载时只能采用低速挡启动和运行;运梁车运梁时应前后有人相随,随时注意梁板平稳性,以防梁板倾倒。

(3)运输及吊装人员必须指派经验丰富的专人统一指挥,参加吊装的起重工人必须掌握作业的安全要求,其他配合作业人员必须分工明确。

(4)喂梁时必须仔细检查主、辅导梁及前支架各部位销子是否锁定,并插上防退销,切忌前支架撑起油缸到位后不锁销子而加载;检查塞垫、枕木、轨道及连接板的安装是否符合要求。

(5)吊装前,检查架桥机各操作机电系统是否正常可用。

(6)吊装前应统一指挥信号;吊装时,指挥人员发出的信号与操作人员意见不一致时操作人员应发询问信号,在确认指挥信号与指挥意图一致时,才能开车。

(7)架桥机在吊运梁板过程中,如遇到提升机构制动失灵时,操作人员应立即发出信号,通知附近人员离开,迅速按动控制按钮反复起落梁板,并开动小车选择安全地点,把 T 梁放下,不应任其自由下落,随后再进行检修,决不可在吊装过程中进行检修。

(8)正式起吊前,应先进行试吊,吊起高度为 20cm 后进行检查,确认起吊情况正常时,才能继续进行。在起吊过程中,禁止任何人站在梁板上,或在下面行走和停留,禁止梁板悬空后操作人员离开现场。

(9)在吊梁板时,应使承载均匀、平稳,不能忽起忽落;起升机构的钢丝绳必须保持垂直;同时,起吊和降

落做到同步，注意控制好前后端的高度差；在架桥机所受的负荷不能超过其最大起重量的情况下方可起吊梁板。

(10)所有施工人员必须听从指派人员统一指挥，施工作业时所有吊装人员必须佩戴安全带、安全帽，穿防滑鞋。

(11)在梁板安装过程中，所有的吊点必须为梁端。在梁板移动过程中，应保证梁的平稳，不得倾斜。

(12)操作人员应做到八不吊：指挥信号有误不明确不吊，超负荷不吊，梁板上有人不吊，安全装置不灵不吊，能见度低不吊，起重钢丝绳滑槽不吊，梁板被挂住不吊，梁板紧固不牢不吊。

(13)桥机定位后任何人不得随意拆除稳固各受力的支撑钢管、葫芦、卡子、缆风等保险设施。

(14)龙门吊机和架桥机应专人操作，吊梁、落梁时信号应明确、统一，吊装梁板时设专人负责指挥，统一协调步骤，遇有下雨刮风天气，特别是5级风时严禁架梁施工。

(15)吊动梁板时，重物下面严禁站人、严禁行人通行并有专人值守。

(16)架桥机架梁时应严格控制其对桥墩的水平冲击力，做到"慢加速、匀移动"。

(17)每次落梁到位后，应立即稳定妥当，连接板钢筋应焊好、焊牢。边梁换钩前，一定要垫好枕木，打好斜撑，把边梁固定稳后，架设人员才能上去挂钢丝绳、套钩。

12.4.3 防止梁板安装时高处坠落

(1)担任高处作业人员必须身体健康。患有精神病、癫痫病、高血压、心脏病等不宜从事高处作业病症的人员，不准参加高处作业。凡发现工作人员有饮酒、精神不振时，禁止登高作业。

(2)高处作业均须先采取防止坠落措施，方可进行。在已安装好的梁板两侧临空面应装设安全防护栏杆。在需安装的盖梁上操作时工作人员须使用安全带。

(3)安全带的挂钩或绳子应挂在结实牢固的构件上，禁止挂在移动或不牢固的物件上。

(4)高处作业应一律使用工具袋，较大的工具应用绳拴在牢固的构件上，不准随便乱放，防止从高空坠落发生事故。

(5)在5级及以上的大风以及暴雨、打雷、大雾等恶劣天气，应停止露天高处作业。

(6)禁止登在不坚固的结构上进行工作。为了防止误登，必要时应在不坚固的结构物处挂上警告牌。

13 交通组织安全

13.1 施工场站内交通组织

13.1.1 预制梁场与拌和站出入口应分开设置,保证运料车辆与运梁车辆各行其道。

13.1.2 场站内部应采用单一流向交通组织,避免进出场车辆交通流线发生交叉。

13.1.3 场站出入口须保证足够宽度,便于车辆出入。

13.2 改扩建路段交通组织

13.2.1 施工准备

开工前应准备足够的安全作业服装、设施、灯具与标志,并做到损坏或出现故障时能及时补充或更换。

进入现场的施工人员,必须按要求佩戴安全帽及作业服,没有按要求做的,不得进入现场,并责令其改正。

遇有上级检查工作或外来人员参观作业现场时,应由接待部门负责,为检查参观人员准备好作业服和安全帽,强调有关安全注意事项后方可进入现场。

13.2.2 断交施工

1)一般要求

公路施工作业过程中,施工作业路段完全封闭,禁止一切机动车辆(施工作业车辆除外)通行。干线道路上的断交施工信息应及时按规定报交通管理部门备案。提前发布断交公告,安排绕行线路,设置交通安全标志和安全防护设施(图4-13-1)。交通安全标志摆放采用《道路交通标志和标线　第2部分:道路交通标志》(GB 5768.2—2009)规定的方法,正确摆放。

2)具体要求

(1)施工作业前应提前在电视台、报纸等新闻媒体发布公告,告知断交施工路段。在施工现场及周边应设置指路标志、施工提示、禁令标志等,有效提示出行者绕行。

(2)施工路段两端应设置断交施工通告、绕行路线图、警示红灯等,现场作业人员须按规定着装。

(3)断交施工路段应设置安全警示标志,并派专人看护。

(4)及时检查施工路段两端的安全标志,发现损毁或被盗应及时补齐。

(5)作业现场配备的各种安全设施应齐全有效,醒目规范。安全设施的设置应由安全生产领导小组进行检查验收,发现问题及时调整。

(6)施工作业完毕后应迅速清除道路上的障碍物,消除安全隐患,经交通管理部门验收合格,符合通行要求后快速恢复通行。

13.2.3 不断交施工

1)一般要求

道路施工安全设施一般设有锥形路标、路栏、隔离墩、防撞桶等,道路施工安全标志牌分警告标志、禁令标志、指示标志和施工区标志,施工作业控制区常用禁止通行、禁止驶入、禁止超车、限制车速、车道封闭、车道变窄、改道行驶和施工区指示等,标志牌可根据具体情况在适当位置增加。标志牌撤除时,应逆着交通流方向进行,然后恢复正常交通。作业区内安全设施的各种技术指标应满足国家标准要求。

图 4-13-1　施工路段交通标志

2)作业区设置形式

作业区形式主要分为封闭部分车道、半幅封闭和改道通行。

(1)封闭部分车道。应严格按照规范要求和实际需要设置施工标志、路栏、锥形交通路标等安全设施,将需要施工维修的车道进行封闭,剩余车道正常通行。

(2)半幅封闭。维持通车的半幅公路,作业控制区应连续摆放隔离墩,将公路划分为全封闭的上、下行车道,标线清晰可辨。改线两端的限速和导向标志应齐全、醒目。

(3)改道通行。交通流较大时应修建临时道路,可按高等级公路标准进行设计、施工,设置相应等级的交通安全设施,开放交通后对原路断交施工。

3)具体要求

(1)基于交通设施的工程特殊性,施工单位必须建立可行的应急预案。

(2)在施工现场设置应急车道,配备施救拖车、钢丝绳等。作业路段出现车辆故障时,及时将故障车辆拖离现场,避免交通阻塞。

(3)当阻塞车辆排队长度超过 1 000m 时,应即刻告知公安交管部门。发生交通事故应立即报警,并积极配合疏导交通,出现伤亡时要积极施救。

(4)所有现场施工人员应按规定着装。施工人员不得在作业区以外活动,不得盲目穿越车行道,不得随意指挥通行车辆。

(5)施工机械设备作业过程中不得占用行车道,应为通行车辆预留足够宽度。施工机械设备应按规定停放在指定区域,夜间专人看管。机械设备上应粘贴反光条,增强夜间安全系数。

4)单侧加宽路段交通组织要求

(1)在主线不断交,车辆双向通行的前提下,以先拼宽后旧路的原则,按照施工顺序进行拼宽路基路面的施工,完善隔离防撞设施后,再进行旧路的路面改善。

(2)施工作业控制区要求设置警告区、上游过渡区、缓冲区、工作区、下游过渡区和终止区。

(3)右侧加宽时,应将交通标志设在公路右侧路肩上和作业区边界的左侧。

(4)左侧加宽时,应将交通标志设在公路左侧路肩上和作业区边界的右侧。

5)双侧加宽路段交通组织要求

(1)主线老路不断交,道路双向通行的前提下,以先新后旧的原则进行改建,先建成新加宽部分路基路面下面层后,将车流引到新加宽部分路面,再进行旧路改善。

(2)施工作业控制区要求设置警告区、上游过渡区、缓冲区、工作区、下游过渡区和终止区。

(3)双侧加宽时,在施工区入口起须设置明显的交通导流标志,设置位置为旧路两侧路肩与施工区交界处。

6)交通设施设置

在警告区内应设置施工标志、限制速度标志和可变标志牌或线形诱导标等;在上游过渡区起点至下游过渡区终点之间应放置锥形交通路标;在缓冲区与工作区交界处应布设路栏。具体设置形式见附图1~附图3。

13.2.4　道路交通封闭设施的拆除

封闭段拆除之前,需对封闭段进行检查,将封闭段内的所有附加设施和杂物予以清理,并画交通标线,确认封闭段是否具备开通条件。

将封闭段内所有施工及日常维护使用的设施、用具、用品等撤离封闭段。

13.2.5　夜间施工

(1)夜间施工的交通安全管理设施除白天施工应设置的设施外,应在施工区增设频闪灯等警示灯具。增设施工提示牌。

(2)夜间施工时应增设夜间照明设施,确保施工现场的照明,保证施工的顺利实施和车辆的正常营运。

(3)夜间施工时应备有联络工具,保证施工现场的通信畅通。

(4)夜间施工应备有应急措施,如拖车备勤等。

(5)夜间施工时应与交通管理部门及公路管理部门协调,现场应有交通管理部门现场备勤。

(6)夜间施工一般都是突击工程,在施工时应注意合理安排施工时间,保证施工顺利,在规定的时间内完成作业。

附表　安全生产管理汇总表

附表 1　建设单位主要安全生产管理制度一览表

类别	制度名称	主要内容
项目管理	安全生产会议制度	会议分领导小组会议、安全例会和安全生产专题会等形式，会议制度应包括制度适用范围、职责和工作程序，重点明确会议频次、参会人员、讨论议题、会议签到、会议记录和纪要等内容
	安全生产责任考核制度	制度应明确建设单位与施工、监理等单位签订的安全生产责任书内容、签订频次、履行情况的考核、奖惩等内容
	安全生产专项费用管理制度	制度应明确项目安全生产专项费用的使用范围、支付方式、审批流程和监督管理等内容
	安全生产检查评价制度	制度应明确检查的目的、要求、依据、标准、形式、内容、分工职责、频次、整改以及对检查效果的评价、奖惩等内容
	安全事故隐患排查治理制度	制度应明确工程项目安全事故隐患分级管理、一般事故隐患排查方式、治理措施和责任分工，重大事故隐患治理方案、挂牌督办等内容
	施工安全风险评估管理制度	制度应明确风险评估的范围、方法、程序、组织、报告格式、结果运用等内容
	生产安全事故报告制度	制度应明确事故报告的责任、内容、报送流程、时限等内容
	危险性较大分部分项工程安全管理制度	制度应明确危险性较大分部分项工程的划分，施工、监理单位的管理职责，专项施工方案的审批及实施等内容
	“平安工地”考核评价制度	制度应明确项目安全生产条件审查、施工过程“平安土地”创建内容、实施步骤、职责分工和考核评价标准、评价周期、考核结果运用等内容
	安全生产奖惩制度	制度应明确安全生产激励、处罚的标准条件及具体方式等内容
	安全生产应急管理制度	制度应明确预案编制、审核的程序要求，预案构成的主要要素、应急处置组织、应急演练培训、方案评审改进等内容
内部	安全生产责任制及考核制度	制度应明确各层级之间安全生产责任书内容、签订频次、履行情况的考核、奖惩等内容
	安全生产教育培训制度	制度应明确建设单位内设机构的培训对象、内容、学时、频次和考核等内容

附表 2　监理单位主要安全生产管理制度一览表

类别	制度名称	主要内容
项目管理	安全生产会议制度	会议分领导小组会议、安全例会和安全生产专题会等形式，会议制度应包括制度适用范围、职责和工作程序，重点明确会议频次、参会人员、讨论议题、会议签到、会议记录和纪要等内容
	专项施工方案审查制度	制度应明确制度的适用范围、审查程序、内容、职责分工，督促落实等内容
	安全生产检查评价制度	制度应明确检查的目的、要求、依据、标准、形式、内容、分工职责、频次、整改以及对检查效果的评价、奖惩等内容
	安全事故隐患督促整改制度	制度应明确安全事故隐患分级管理，督促整改的职责分工与管理流程、指令格式，整改验收方式等内容
	特种设备复核制度	制度应明确施工单位等特种设备进场报验流程和资料清单，复核的内容、程序和工作职责等内容

续上表

类别	制度名称	主要内容
项目管理	安全生产专项费用审查制度	制度应明确项目安全生产专项费用使用范围，报验的时间节点、费用的审批流程、方式、会计科目及票据等内容
	“平安工地”考核评价制度	制度应明确项目安全生产条件审查、施工过程“平安工地”创建内容、实施步骤、职责分工和考核评价标准、评价周期、考核结果运用等内容
	安全生产应急管理制度	制度应明确预案编制、审核的程序要求，预案构成主要要素、应急处置组织、应急演练培训、方案评审改进等内容
	生产安全事故报告制度	制度应明确事故报告的职责、内容、报送流程、时限等内容
内部	安全生产责任制及考核制度	制度应明确各层级之间安全生产责任书内容、签订频次、履行情况的考核、奖惩等内容
	安全生产教育培训制度	制度应明确监理单位内部的培训对象、内容、学时、频次和考核等内容

附表3　施工单位主要安全生产管理制度一览表

制度名称	制度内容
安全生产会议制度	会议分领导小组会议、安全例会和安全生产专题会等形式，会议制度应包括制度适用范围、职责和工作程序，重点明确会议频次、参会人员、讨论议题、会议签到、会议记录和纪要等内容
安全生产责任及考核制度	制度应明确施工单位项目部各层级之间、与分包单位之间所签订的安全生产责任书（或安全合同）的内容、签订频次、履行情况的考核、奖惩等内容
安全生产专项费用使用制度	制度应明确安全生产专项费用的适用范围、费用年度计划、费用支取申报程序与阶段，会计科目及票据，形成的固定资产管理等内容
安全生产检查评价制度	制度应明确检查的目的、要求、依据、标准、形式、内容、分工职责、频次、整改以及对检查效果的评价、奖惩等内容
“平安工地”考核评价制度	制度应明确项目安全生产条件审查、施工过程“平安土地”创建内容、实施步骤、职责分工和考核评价标准、评价周期、考核结果运用等内容
安全事故隐患排查治理制度	制度应明确工程项目安全事故隐患分级管理、一般事故隐患排查方式、治理措施和责任分工，重大事故隐患治理方案、时限、措施、资金和责任人等内容
安全生产教育培训制度	制度应明确施工从业人员岗位培训内容、学时、频次和考核等内容。培训对象应包括施工项目管理、技术、特种作业，一般作业人员和分包单位等，培训应包括安全意识、安全知识和安全技能等内容
施工安全技术交底制度	制度应明确分级、分专业、分岗位交底的程序、内容等
施工安全风险评估制度	制度应明确施工现场危险作业环境和重大危险源辨识、分析、估测和评估结论审核等管理程序、职责分工，重大风险源预警预控和书面告知等内容
专项施工方案的编制和审核制度	制度应明确适用范围、编制依据、编制原则、主要内容、安全保障措施、内部审核程序和责任分工、实施管理等
安全生产应急管理制度	制度应明确预案编制、审核的程序要求，预案构成的主要要素、应急处置组织、应急演练培训、方案评审改进等内容
生产安全事故报告制度	制度应明确事故报告的职责、内容、报送流程、时限等
施工设备安全管理制度	制度应明确施工设备设施的管理职责、登记要求、保养维修以及使用责任人资格等内容
劳动防护用品配备和管理制度	制度应明确安全防护用品的采购、验收、发放登记、使用等内容
施工现场消防安全责任制度	制度应明确施工现场消防安全责任分工、责任区域划分、器材配备台账、检查维护记录、消防器材管理等内容

续上表

制度名称	制度内容
危险品安全管理制度	制度应明确施工现场用火、用电、使用危险品等的消防安全管理程序、要求和责任分工,作业人员资格要求,危险品管理台账记录等内容
分包单位安全管理考评制度	制度应明确施工分包单位的管理职责、考评方式与时间、评价与结果应用等内容
特种作业人员管理制度	制度应明确特种作业人员的进场考核、岗前培训、继续教育、人员登记台账等内容
安全生产奖惩制度	制度应明确安全生产奖励、处罚的条件和方式,以及结果的应用等内容
施工单位项目部主要负责人带班制度	制度应明确项目主要负责人带班生产、检查的工作计划、内容与时间要求,管理程序与内业资料等内容
施工作业操作规程	制度应明确施工各工序、工种的具体操作内容,规程流转管理等内容
其他法律法规和行业内规章制度	

附表4　施工现场安全标志牌一览表

工程名称:

序号	安全标志牌名称	数量	挂设位置	备注
1	《禁止吸烟》牌		挂设在木工制作场所	
2	《禁止烟火》牌		挂设在木料堆放场所	
3	《禁止用水灭火》牌		挂设在配电室内	
4	《禁止通行》牌		挂设在井架吊篮下	
5	《禁带火种》牌		挂设在油漆、柴油仓库	
6	《禁止跨越》牌		挂设在提升卷扬机地面钢丝绳旁	
7	《禁止攀登》牌		挂设在井架上、脚手架上	
8	《禁止外人入内》牌		挂设在工地大门入口处	
9	《禁放易燃物》牌		挂设在电焊、气割焊场所	
10	《有人维修、严禁合闸》牌		有人维修时挂在开关箱上	
11	《注意安全》牌		挂设在外脚手架上和高空作业处	
12	《当心火灾》牌		挂在木料堆放场所和电气焊场所	
13	《当心触电》牌		挂在机械作业棚和配电室等处	
14	《当心机械伤人》牌		挂在机械作业场所	
15	《当心伤手》牌		挂设在木工机械场所	
16	《当心吊物》牌		挂设在提升机作业区域内	
17	《当心扎脚》牌		挂设在模板作业区域内	
18	《当心落物》牌		挂设在地面外架周边区域内	
19	《当心坠落》牌		挂设在高空作业的四口、五临边	
20	《安全通道》牌		挂设在外架斜道上和主要通道口	
21	《必须戴安全帽》牌		挂设在进入工地的大、小门口	
22	《必须系安全带》牌		挂在高空作业又没有可靠防护处	
23	《当心塌方》牌		开挖土方时挂设在基坑临边	
24	《必须戴防护手套》牌		挂设在振捣混凝土场所	
25	《必须穿防护鞋》牌		挂设在振捣混凝土场所	

项目负责人:　　　　填表人:　　　　填表时间:

附表 5　工伤事故快报表

<table>
<tr><td>工程名称</td><td colspan="5"></td><td>事故部位</td><td colspan="4"></td></tr>
<tr><td>事故时间</td><td colspan="6"></td><td>气象情况</td><td colspan="3"></td></tr>
<tr><td rowspan="2">伤害人姓名</td><td rowspan="2">伤害情况
(死、重、轻伤)</td><td rowspan="2">工种
及级别</td><td rowspan="2">性别</td><td rowspan="2">年龄</td><td rowspan="2">本工种
工龄</td><td rowspan="2">受过何种
安全教育</td><td rowspan="2">歇工
总日期</td><td colspan="2">经济损失</td><td rowspan="2">备　注</td></tr>
<tr><td>直接</td><td>间接</td></tr>
<tr><td></td><td></td><td></td><td></td><td></td><td></td><td></td><td></td><td></td><td></td><td></td></tr>
<tr><td></td><td></td><td></td><td></td><td></td><td></td><td></td><td></td><td></td><td></td><td></td></tr>
<tr><td></td><td></td><td></td><td></td><td></td><td></td><td></td><td></td><td></td><td></td><td></td></tr>
<tr><td colspan="11">事故经过和原因：</td></tr>
<tr><td colspan="11">事故发生后采取的措施及事故控制情况：</td></tr>
<tr><td colspan="2">报告单位</td><td colspan="4"></td><td colspan="2">报告日期</td><td colspan="3"></td></tr>
<tr><td colspan="2">单位(项目)负责人</td><td colspan="2"></td><td colspan="2">填表人</td><td colspan="2"></td><td>电话</td><td colspan="2"></td></tr>
</table>

注：本表一式 2 份，1 份工地留存，1 份上报。

附表6　事故隐患整改反馈报告单

<table>
<tr><td colspan="2">________：

你单位签发的第____号《事故隐患整改通知书》中提出的隐患和问题，我们按照规范、规定要求进行了整改，现将整改情况报告如下：</td></tr>
<tr><td colspan="2"></td></tr>
<tr><td>报告单位（盖章）：

单位（项目）负责人：

年　月　日</td><td>复查情况：

复查人：

复查单位（盖章）：

年　月　日</td></tr>
<tr><td colspan="2">本报告单应在规定时间内反馈给检查单位，经检查单位派人复查认定隐患已消除后方为结束。</td></tr>
</table>

注：本报告单一式2份，报告单位、复查单位各1份。

附表7　安全检查记录表

<table>
<tr><td>工程名称</td><td colspan="2"></td><td>检查单位</td><td colspan="2"></td></tr>
<tr><td>检查人员</td><td></td><td>记录人</td><td></td><td>检查日期</td><td>年　　月　　日</td></tr>
<tr><td colspan="6">检查记录：</td></tr>
<tr><td colspan="6">检查评价：</td></tr>
</table>

附表8　安全技术交底

<table>
<tr><td>工程名称</td><td colspan="3"></td><td>施工部位或层次</td><td></td></tr>
<tr><td>施工内容</td><td></td><td>交底项目</td><td></td><td>交底日期</td><td>年　月　日</td></tr>
<tr><td colspan="6">交底内容：</td></tr>
</table>

<table>
<tr><td>交底人</td><td></td><td rowspan="2">被交底人</td><td></td></tr>
<tr><td>项目负责人</td><td></td><td></td></tr>
<tr><td>执行情况</td><td colspan="3">安全员：
年　月　日</td></tr>
</table>

注：本表一式3份，交底人、安全员、被交底人各1份。

附表9　安全责任目标考核记录表

<table>
<tr><td>工程名称</td><td></td><td>被考核部门
（人）</td><td></td><td>考核日期</td><td>年　　月　　日</td></tr>
<tr><td>责任目标执行情况</td><td colspan="5"></td></tr>
<tr><td>存在问题</td><td colspan="5"></td></tr>
<tr><td>考核意见</td><td colspan="5">考核单位：　　　　　　考核负责人：　　　　　　年　月　日</td></tr>
</table>

注：本表一式2份，考核与被考核部门（人）各1份。

附表10 施工现场安全防护用品使用登记表

工程名称：

产品名称	规格型号	数量	生产厂家	进行时间	合格证	备　注

注：1. 安全防护用品（电气产品）包括：安全帽、安全网、安全带、配电箱、漏电保护器、安全标志牌、消防器材等。

2. 附产品合格证原件，复印件应注明与原件相同并加盖安全部门校核章。

项目负责人：　　　　　　　　　填表人：　　　　　　　　　填表日期：　　年　　月　　日

附表 11　施工现场文明施工检查验收表

序号	项　目	检查验收内容	检查验收结果
1	制度	有文明施工、安全、保卫、防火、环境卫生、社区服务等制度和措施	
2	图牌与安全标志	施工现场进口处应设置整齐明显的“五牌一图”	
		安全标志应设在醒目及有针对性的地方	
		标牌制作、挂设应规范整齐，字体工整	
3	施工场地	工地的场地应硬化处理，平整坚实。有规定做混凝土地面的应做混凝土地面	
		道路平整畅通，不积水	
		施工场地应有良好排水措施，排水畅通	
		现场有绿化布置，设有吸烟室	
4	现场围档	围墙及大门应按规定要求设置，做到坚固、整洁、美观	
		门头应设置企业标志	
		进入施工现场的人员应佩戴工作卡	
5	车辆冲洗	按规定要求设置进出车辆冲洗设施	
6	材料堆放	建筑材料、构件、料具应按施工总平面图规定位置堆放	
		各料堆应挂设名称、品种、规格等标牌，并堆放整齐	
7	现场防火	按规定要求配备灭火器材并配置合理	
		按规定要求办理动火审批手续	
8	保健急救	配备有医务室或保健医药箱及急救器材	
		有经培训的急救人员	
9	现场住宿	在建工程不得兼作住宿	
		施工作业区与办公、生活区有明显划分，并设置导向牌	
		宿舍及办公室应坚固、美观、通风、防火、防潮湿、用电符合有关规定，有消暑和防蚊虫叮咬措施	
		床铺生活用品放置整齐，宿舍周围环境卫生安全	
10	生活设施	按规定要求设置各类生活设施，并符合有关安全、卫生、防火等要求	

检查验收意见：	项目负责人	
	技术负责人	
	施　工　员	
年　　月　　日	安　全　员	

附表 12　搅拌机安装验收表

工程名称				机械名称	
设备型号		设备编号		安装日期	

序号	验　收　内　容	验收结果
1	安装场地混凝土硬化，机身安装稳固，设有可靠的防护棚，有安全操作规程牌，有良好排水措施	
2	离合器、制动器灵敏可靠，各部位润滑良好，运行平稳无异常	
3	传动部件防护罩、料斗保险挂钩齐全可靠	

续上表

序号	验收内容		验收结果
4	钢丝绳完好并润滑良好,端部固定符合要求		
5	设备金属外壳应做保护接零并连接牢固,符合要求		
6	有专用开关箱并符合要求,漏电保护器匹配合理、灵敏可靠。功率大于5.5kW时应采用自动开关或降压起动装置控制		
7	作业平台平稳牢固,操作箱箱体完好,按钮开关灵敏可靠		
8	操作人员持证上岗		
验收意见:		项目负责人	
		技术负责人	
		安装负责人	
		机管员	
		安全员	
	年　月　日	机械操作工	

附表13　电焊机验收表

工程名称				机械名称	
设备型号		设备编号		安装日期	
序号	验收内容				验收结果
1	电焊机有防雨措施,有安全操作规程牌				
2	电焊机有可靠的保护零线,接线柱处应有防护罩				
3	焊把及电焊线绝缘好,电焊线通过道路时,应架高或穿管埋设在地下				
4	电焊机一次侧电源线长度应不大于5m,二次线长度应不大于30m				
5	有专用开关箱并符合要求,漏电保护器匹配合理、灵敏可靠,设置二次空载降压保护器或二次触电保护器				
6	操作人员持证上岗,正确穿戴防护用品				
7	施焊场所10m范围内应无堆放易燃易爆物品				
8	施焊场所应配有符合防火要求的消防器材				
验收意见:				项目负责人	
				技术负责人	
				安装负责人	
				机管员	
				安全员	
			年　月　日	机械操作工	

附表 14　钢筋机械安装验收表

<table>
<tr><td colspan="2">工程名称</td><td colspan="2"></td><td>机械名称</td><td></td></tr>
<tr><td colspan="2">设备型号</td><td></td><td>设备编号</td><td></td><td>安装日期</td></tr>
<tr><td>序号</td><td colspan="4">验收内容</td><td>验收结果</td></tr>
<tr><td>1</td><td colspan="4">安装场地混凝土硬化,机身安装稳固,设有可靠的防护棚,有安全操作规程牌,有良好排水措施</td><td></td></tr>
<tr><td>2</td><td colspan="4">传动部位防护罩齐全可靠</td><td></td></tr>
<tr><td>3</td><td colspan="4">钢筋冷拉作业区及对焊作业区应有防护隔离措施,并悬挂警示牌</td><td></td></tr>
<tr><td>4</td><td colspan="4">冷拉机地锚、钢丝绳连接点牢固,夹具完好可靠,信号明确</td><td></td></tr>
<tr><td>5</td><td colspan="4">设备金属外壳应做保护接零并连接牢固,符合要求</td><td></td></tr>
<tr><td>6</td><td colspan="4">有专用开关箱并符合要求,漏电保护器匹配合理、灵敏可靠</td><td></td></tr>
<tr><td>7</td><td colspan="4">开关箱距设备距离应不大于 3m</td><td></td></tr>
<tr><td colspan="4" rowspan="6">验收意见:

年　　月　　日</td><td>项目负责人</td><td></td></tr>
<tr><td>技术负责人</td><td></td></tr>
<tr><td>安装负责人</td><td></td></tr>
<tr><td>机管员</td><td></td></tr>
<tr><td>安全员</td><td></td></tr>
<tr><td>机械操作工</td><td></td></tr>
</table>

附表 15　施工现场临时用电验收表

<table>
<tr><td colspan="2">工程名称</td><td colspan="2"></td><td>供电方式</td><td></td></tr>
<tr><td colspan="2">进线截面</td><td></td><td>用电容量</td><td></td><td>保护方式</td></tr>
<tr><td>序号</td><td>验收项目</td><td colspan="3">验收内容</td><td>验收结果</td></tr>
<tr><td rowspan="4">1</td><td rowspan="4">施工方案</td><td colspan="3">用电设备 5 台以上(含 5 台)或总容量 50kW 以上(含 50kW)时应编制有临时用电施工组织设计并经上级审批</td><td></td></tr>
<tr><td colspan="3">用电设备 5 台以下或总容量 50kW 以下时应编制有安全用电技术措施并经上级审批</td><td></td></tr>
<tr><td colspan="3">用电施工组织设计或用电技术措施针对性强,能指导施工</td><td></td></tr>
<tr><td colspan="3">有专项安全技术交底</td><td></td></tr>
<tr><td rowspan="4">2</td><td rowspan="4">外电防护</td><td colspan="3">低压线路下方应无生活设施、作业棚、堆放材料、施工作业区</td><td></td></tr>
<tr><td colspan="3">在建工程(含脚手架)的外侧边缘与架空线路的边线之间,必须保持安全操作距离</td><td></td></tr>
<tr><td colspan="3">起重机的任何部位或吊物边缘与 10kW 以下的外电架空线路边缘最小水平安全距离不得小于 2m</td><td></td></tr>
<tr><td colspan="3">达不到最小安全操作距离时必须采取防护措施,设置屏障、遮拦、围栏或保护网,并挂警告标志牌</td><td></td></tr>
<tr><td rowspan="2">3</td><td rowspan="2">配电线路</td><td colspan="3">架空线、电杆、横担应符合规定要求。架空线路与地面距离:施工现场应大于 4m,机动车道应大于 6m</td><td></td></tr>
<tr><td colspan="3">架空线必须在专用电杆上,不得架设在树木、脚手架上</td><td></td></tr>
</table>

续上表

序号	验收项目	验 收 内 容	验 收 结 果
3	配电线路	电缆埋地敷设方式、深度应符合规范要求。过路及地下 0.2m 至地上 2m 应穿管保护	
		电缆架空敷设时应用绝缘子固定,高度不应低于 2.5m。建筑物内电缆沿墙水平敷设高度不应低于 1.8m	
		按规定使用五芯电缆	
		PE 线颜色是绿/黄双色线,其截面不小于工作零线的截面	
		室内配线应用绝缘子固定,距地高度不应低于 2.5m,排列整齐。室内配线必须是绝缘导线	
4	保护方式	采用 TN－S 系统:重复接地点不少于 3 处,每个接地电阻值应不大于 10Ω。PE 线与 N 线分开不得混接	
		采用 TT 系统:每个接地电阻值应不大于 4Ω	
		高于建筑物的大型设备除做好重复接地外还必须按规定设置防雷接地装置,防雷接地电阻值应不大于 30Ω	
5	配电箱	符合三级配电二级保护要求	
		配电箱内有总隔离开关及分路隔离开关。开关箱做到一机一闸一漏一箱。漏电保护器参数应符合规定要求	
		配电箱设置位置应符合规定要求,有足够两人同时工作的空间和通道。箱内电器应完好可靠,回路标示明显,采用端子板接线,不得有外露带电体,进出线应从箱底的下底面出入,进入配电箱的电源线不得采用插销连接	
		固定式配电箱安装高度为 1.3～1.5m,移动式配电箱安装高度为 0.6～1.5m	
		箱体符合规定要求,有门有锁,有防雨防尘措施	
6	现场照明	照明回路有单独的开关箱,配有漏电保护装置	
		灯具金属外壳必须作保护接零。室外灯具安装高度应不低于 3m,室内灯具的安装高度应不低于 2.4m,钠、铊、铟等金属卤化物灯具安装高度应不低于 5m	
		照明器具、器材应无绝缘老化或破损	
		按规定使用安全电压	
7	变配电装置	配电室应符合规定要求,配电室的地面距天棚不应低于 3m,配电屏(盘)操作通道宽度应符合规定要求	
		门向外开并配锁,应有防雨、火、水、雷和小动物出入等措施,通风良好	
		发电机组应采用三相四线制中性点直接接地系统,并独立设置,接地电阻应符合要求。发电机组与外电线路有连锁控制,不得同时使用	

验收意见:		
	项目负责人	
	技术负责人	
	安装负责人	
	施 工 员	
	安 全 员	
	机电管理员	
年 月 日	电 工	

附表16　安 全 日 记

日期	年　　月　　日	星期		天气	
安全施工内容：					
问题处理结果：					

附表 17　禁止标志设置要求

序号	名称	图　形	制作要求	安装要求	设置范围和部位
1	禁止放易燃物	禁止放易燃物	尺寸为 300mm × 400mm	悬挂或粘贴	钢筋加工场电焊作业区、涵洞电焊作业区、桥梁电焊作业区等具有明火设备或高温的作业场所，各种焊接、切割等动火场所
2	禁止攀登	禁止攀登	尺寸为 300mm × 400mm	悬挂或粘贴	混凝土储存罐下方等不允许攀爬的有危险的建筑物
3	禁止停留	禁止停留	尺寸为 300mm × 400mm	悬挂或粘贴	危险路口、钢筋加工场吊装作业区、预制场吊装作业区、混凝土拌和站输送带下方、桥梁预制梁架设区下方等对人员具有直接危险的场所
4	严禁烟火	严禁烟火	尺寸为 300mm × 400mm	悬挂或粘贴	钢筋加工场，预制场，桥梁、隧道施工现场氧气瓶及乙炔瓶存放区，混凝土拌和站油罐等易燃易爆堆放处和有乙类火灾危险物质的场所

续上表

序号	名称	图　　形	制作要求	安装要求	设置范围和部位
5	禁止堆放	禁止堆放	尺寸为 300mm×400mm	悬挂或粘贴	应急通道、安全通道及施工操作平台等处
6	5km 限速牌	5	尺寸为直径60cm，白底黑字	悬挂或粘贴	场内道路及隧道口设置5km 限速牌
7	禁止倾倒垃圾	禁止倾倒垃圾	尺寸为 300mm×400mm	悬挂或粘贴	施工现场的作业平台
8	机房重地 闲人免进	机房重地 闲人免进	尺寸为 300mm×400mm	悬挂或粘贴	拌和站、制梁场的控制室和发电机房、抽水机房等处

附表 18　警告标志设置要求

序号	名称	图　形	制作要求	安装要求	设置范围和部位
1	当心触电	当心触电	尺寸为 300mm×400mm	悬挂或粘贴	桥梁电焊作业区、涵洞电焊作业区、钢筋加工场电焊作业区、变压器等有可能发生触电危险的电器设备和线路、配电箱、开关箱、用电设备处
2	当心火灾	当心火灾	尺寸为 300mm×400mm	悬挂或粘贴	可燃物质的储运、使用等场所，钢筋加工场、桥梁等电气焊作业区
3	当心机械伤人	当心机械伤人	尺寸为 300mm×400mm	悬挂或粘贴	各工作场所机械设备处，桥梁钻孔作业区等易发生机械卷入、碾压、剪切等机械伤害的作业场所
4	当心扎脚	当心扎脚	尺寸为 300mm×400mm	悬挂或粘贴	易造成脚部伤害的作业地点

附图　施工交通组织图

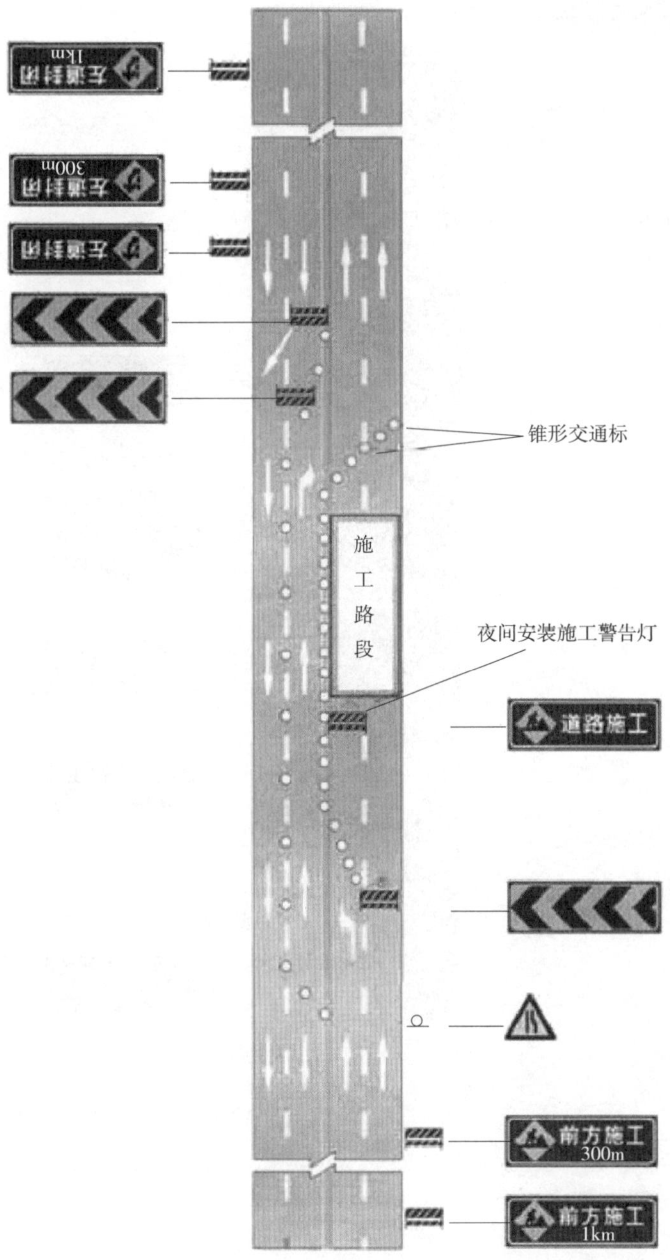

附图 1　封闭部分车道施工交通组织图

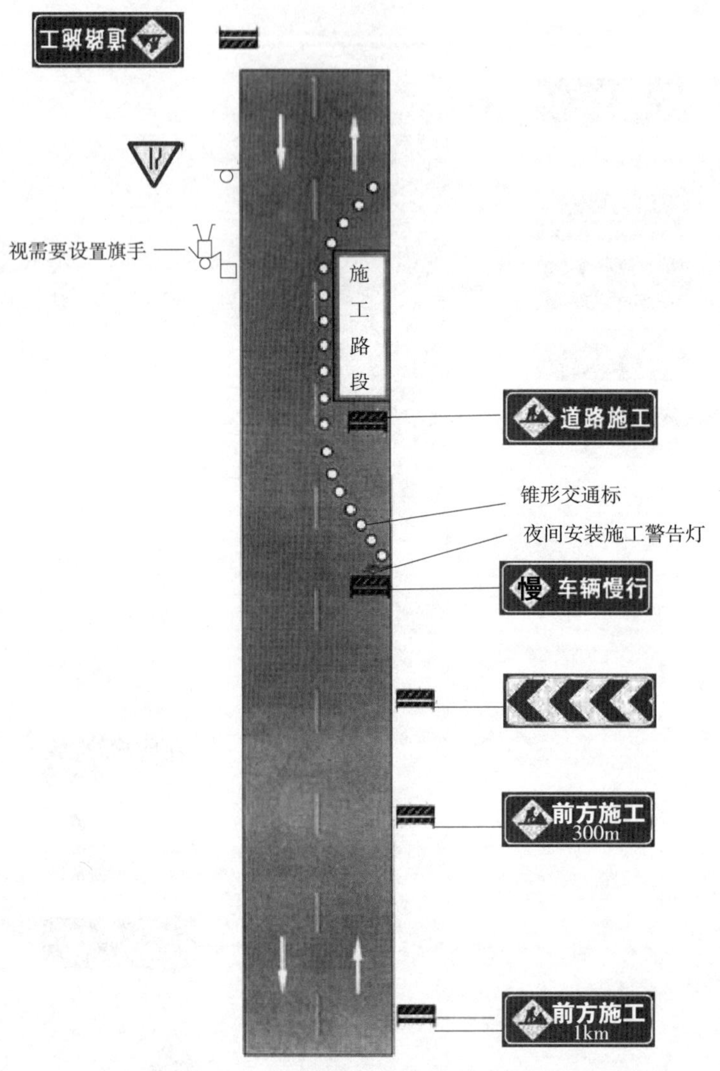

附图2　半幅封闭施工交通组织图

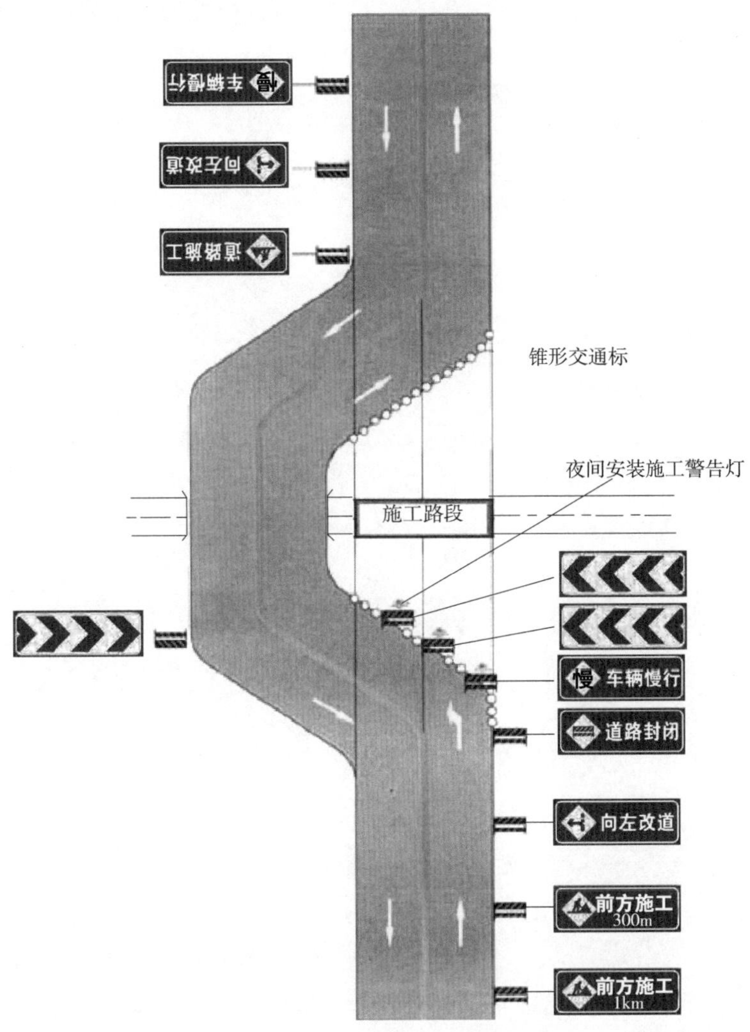

附图3　改道通行施工交通组织图

第五部分　施工环保标准化

1 总　　则

1.1 目的及适用范围

1.1.1 目的

为规范邯郸市干线公路建设管理,严格执行法律法规和技术标准规范,进一步规范环保工程的各项操作,实现邯郸市干线公路环保工程施工标准化,促进邯郸市干线公路环保工程的施工质量再上一个新台阶,特制订本指南。

1.1.2 适用范围

本指南适用于邯郸市干线公路建设项目。

1.2 编制依据

1.2.1 国家、交通运输主管部门发布的与工地建设、公路工程施工有关的法律法规及相关文件、标准、规范、规程和指南。

1.2.2 《关于开展高速公路施工标准化活动的通知》(交公路发〔2011〕70 号)

1.2.3 《公路工程质量检验评定标准　第一册　土建工程》(JTG F80/1—2004)。

1.2.4 《公路工程施工安全管理手册》。

1.2.5 《公路工程施工监理规范》(JTG G10—2006)。

1.2.6 《中华人民共和国环境保护法》。

1.2.7 《环境卫生设施设置标准》(CJJ 27—2012)。

1.3 主要内容

本指南共分 4 章,分别为总则、环境保护责任体系、环境保护制度、环境保护施工技术方案。

2　环境保护责任体系

2.1　一般规定

2.1.1　环境保护管理的依据是：国家、行业及地方政府的各项法律、法规、条例、标准以及上级有关规定、设计文件。

2.1.2　项目部环境保护工作遵循"保护优先"、"预防为主"、"综合治理"、"公众参与，损害担责"的原则，实施"纵向管理责任到底，横向管理责任到边"的管理体系。

2.2　环境保护领导小组

2.2.1　项目环境保护领导小组组长由建设单位项目负责人担任，副组长由建设单位分管环保的项目负责人、监理单位总监理工程师等担任，勘察设计、施工、监理等单位项目负责人为小组成员。领导小组办公室一般设在建设单位环境保护部门，环境保护部门负责人为领导小组办公室主任。

2.2.2　项目环境保护领导小组应贯彻落实国家、行业有关环境保护方针政策、法律法规和技术标准，制定环境保护指标和环境保护工作计划，落实项目环保生产条件，规范施工环境保护程序，开展环保检查评价，督促落实企业环境保护责任。

2.3　管理机构及人员配备

2.3.1　建设单位

1）管理机构

建设单位管理机构如图5-2-1所示。

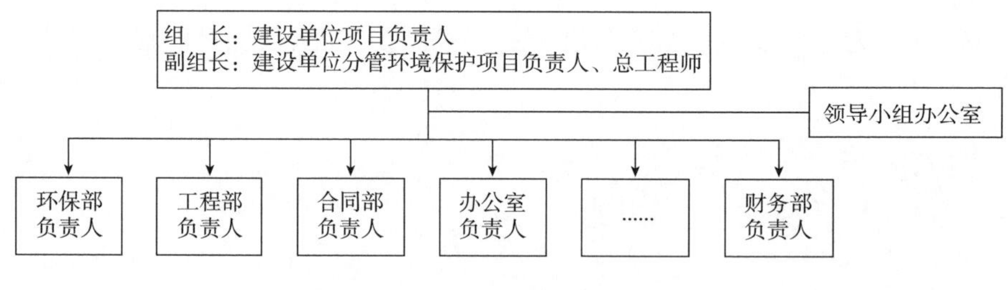

图5-2-1　建设单位管理机构图

2）人员配备

工程项目建设单位内部环境保护领导小组，组长由建设单位项目负责人担任，副组长由建设单位分管环境保护项目负责人、总工程师担任，成员由各部门负责人组成。环境保护领导小组下设办公室，主任由环保管理部门负责人兼任。

2.3.2　监理单位

1）两级监理机构

（1）管理机构如图5-2-2所示。

(2)人员配备。单位内部的环境保护领导小组组长由总监理工程师担任，副组长由总监代表、环境监理工程师担任，成员由总监设立部门的负责人、各驻地监理工程师、总监办各专业监理工程师组成。

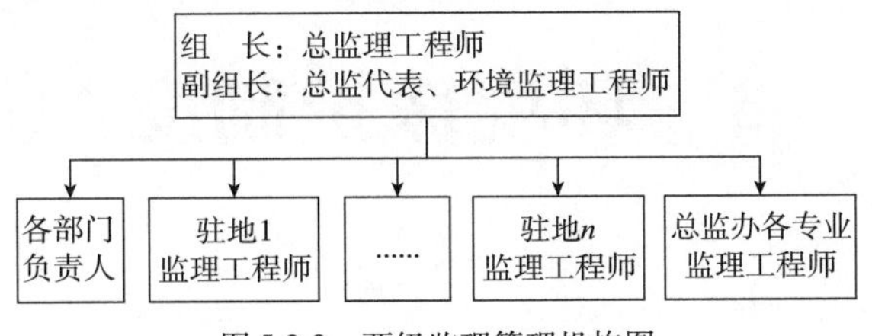

图5-2-2　两级监理管理机构图

2)一级监理机构

(1)管理机构如图5-2-3所示。

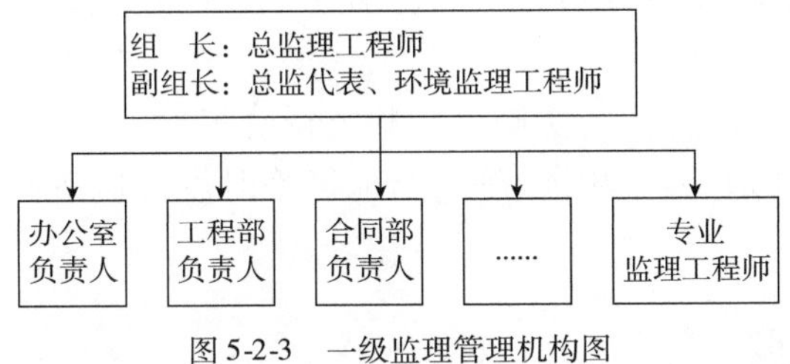

图5-2-3　一级监理管理机构图

(2)人员配备。单位内部的环境保护领导小组组长由总监理工程师担任，副组长由总监代表、环境监理工程师担任，成员由设立部门的负责人、各专业监理工程师组成。

2.3.3　施工单位

1)管理机构(图5-2-4)

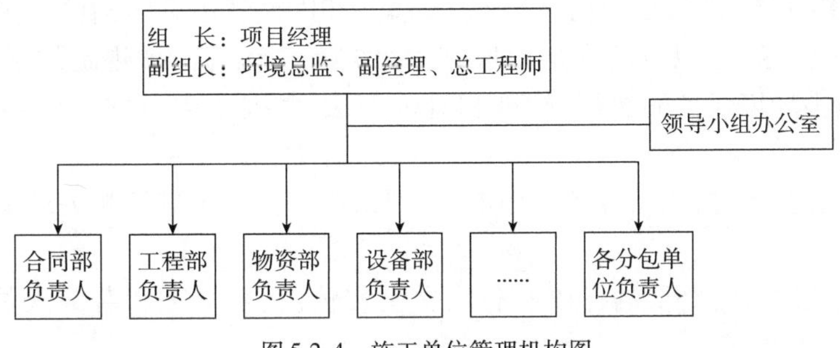

图5-2-4　施工单位管理机构图

2)人员配备

组长由项目经理担任，副组长由环境总监、副经理、总工程师担任，成员由各部门负责人，以及分包单位负责人组成。环境保护小组下设办公室，主任由环保管理部门负责人兼任。

3 环境保护制度

3.1 环境保护规划制度

3.1.1 施工前应对施工区域的自然环境和生态环境情况进行详细调查。

3.1.2 根据国家、交通运输部、地方政府有关环保法律、法规、规定，结合建设单位有关环保管理办法，制定环境保护的具体目标。

3.1.3 制定相应环境保护、水土保持的实施措施并监督落实。

3.1.4 对施工现场的施工便道、弃土场地、施工营地等临时用地应进行合理、详细的规划，尽可能减少对环境的破坏。

3.2 环保宣传教育制度

3.2.1 项目部对环境知识和意识的培训、教育工作实行分级负责、统筹安排，将环境培训教育计划纳入员工培训教育计划。

3.2.2 项目部侧重对项目部人员的教育工作。

3.2.3 各分部负责对员工和劳务人员进行《中华人民共和国环境保护法》《中华人民共和国环境噪声污染防治法》《中华人民共和国水污染防治法》《中华人民共和国大气污染防治法》《中华人民共和国固体废物污染环境防治法》等法律、法规，以及所在地政府和上级的有关环境保护规定的学习教育，进行岗前环保知识教育，使全体员工熟悉环境保护的法规、标准和管理办法，掌握本岗位的环境影响和环境因素，提高环保意识。

3.2.4 新技术、新工艺、新材料、新设备使用前，必须组织有关人员进行相关环境影响评价、控制的技能培训。

3.2.5 驻地和施工工地进行必要的标语、图片、文字宣传，教育员工和劳务人员树立"爱护地球、保护自然生态、环保从我做起"的思想。

3.2.6 各项环保活动要安排具体、目标明确、力求实效，树立典型、以点带面促进环境保护工作的顺利开展。

3.3 重要环境因素、重大污染源评价制度

3.3.1 在工程项目开工前，应根据识别、评价出的重要环境因素，制定相应管理方案、措施和紧急事件的应急预案，有效控制重要环境因素及重大污染源。

3.3.2 环境保护的策划内容要纳入实施性施工组织设计中，并按规定进行审批后组织实施。

3.3.3 工程管理部门应针对作业项目特点、作业环境和岗位的环境因素，编制环保技术交底，同施工技术交底一并下达至作业班组。

3.3.4 对施工场地、作业场所、运输道路、生产设备与设施均应采取有效的环境保护措施。

3.3.5 处于市区、风景区、保护区等对环境影响较大的施工工程项目，应组织专业人员认真研究、分析，制定环境保护技术措施及管理方案、应急预案，重要环境因素应按规定建档、登记、上报，并定期监测、评价。

3.3.6 对施工生产和生活中可能产生的污染源，制定相应的防范、控制措施，避免对施工人员造成伤害

和影响驻地群众的正常生活。对生产、生活垃圾分类存放、集中控制，在指定地点或允许地点集中处理，达到防止或减少污染的目的。

3.3.7　对使用的外部劳务人员，一律纳入本单位的环境管理范畴，在施工协议中应明确双方的责任和义务，要求施工人员遵守环境法规和环保要求，积极做好环境管理工作。

3.4　环境保护监督检查制度

3.4.1　环境保护按国家、地方政府、行业颁布的法律、法规、标准及经理部的管理办法进行。

3.4.2　环境保护检查原则上与安全检查同时进行，侧重于检查所制定的措施、管理方案的实施情况。

3.4.3　环境保护部门的经常性检查、专项检查、定期检查应有详实的记录，提出整改要求，对整改的结果应及时进行验证并做好记录。

3.4.4　积极参加地方政府和上级组织的环境保护检查，积累环境保护管理经验，推动环境保护工作的开展。

3.4.5　定期检查。

(1)项目部应每月组织一次安全环保检查，由主管环保的副经理主持，环保部组织，工程部、办公室等部门参加。

(2)施工单位应每周进行一次环境保护检查，监理单位应每半月进行一次环境保护检查，业主单位应每月进行一次环境保护检查。

3.4.6　专项检查。

环保部门、专(兼)职环保员对所辖生产区域、生活区域根据其评价出的重要环境因素和制定的控制措施、方案等进行专项监督检查。

3.4.7　经常性检查。

(1)各级环保员每日进行巡回检查，并做好环保日志。

(2)各级管理人员在检查生产的同时检查环保工作。

3.4.8　环保人员应于每月23日将检查结果进行统计分析，以书面形式报项目部安质部，以促进环境保护工作的持续改进和提高。

3.4.9　在自然生态保护区、游览区等环保敏感地区施工，对环境因素和污染源应重点监控，按施工组织设计要求、控制措施和应急预案，对影响环保的行为限定治理时间、内容、对象和效果，责任单位或责任人必须按限定时间治理完毕，达到环保要求的条件或指标。

3.5　环境保护报告和监测制度

3.5.1　特殊地区的环境因素和特殊环保内容受地方政府或业主的监控，施工单位应主动与对方取得联系，定期汇报工作，及时办理规定的监测手续。

3.5.2　发生环境污染和环境因素事故，按相关规定执行，应控制事故发展，减少事故损失和影响。

4 环境保护施工技术方案

工程开工前，应对工程的环境因素进行识别与评价，编制详细的施工区和生活区的环境保护措施计划和环境管理方案，报监理工程师审批后实施。根据具体的施工计划制定出与工程同步的防止施工环境污染的措施，认真做好施工区和项目部驻地的环境保护工作，防止工程施工造成施工区附近地区环境污染和破坏。

4.1 环境保护内容

环境保护内容主要包括：文物保护，防止水土流失和废料废方处理，防止和减轻水、大气污染，噪声控制，光污染控制，保护绿色植被，土地资源的保护，现有公用设施的保护及人员健康控制。

4.2 文物保护

4.2.1 公路工程施工时如发现文物古迹，不得移动和收藏，施工单位应保护好现场，防止文物流失，并暂时停止作业，立即将有关情况报告监理工程师及当地文物保护部门。在主管部门未结束处理前，不得重新进行作业。

4.2.2 土方工程以及其他需要借土、弃土时，对现有的或规划的保护文物遗址，施工单位应采取避让的原则进行地点的选择。

4.3 防止水土流失和废料废方处理

4.3.1 防水排水

（1）在施工期间应始终保持工地良好的排水状态，修建必要的临时排水渠道，并与永久性排水设施相连接，且不得引起淤积和冲刷。

（2）因施工单位未设置足够的排水设施致使土方工程遭受破坏时，其责任由承包人自负。

（3）雨季填筑路堤应随挖、随运、随填、随压实，依次进行；每层表面应筑成适当的横坡，保证各层面不积水。

4.3.2 冲刷与淤积

（1）施工单位应采取有效的预防措施，防止施工场所占用的土地或临时使用的土地受到冲刷。

（2）施工单位应采取有效的预防措施，防止从工程施工中开挖的土石材料，对河流、水道、灌溉或排水系统产生淤积或堵塞。

（3）施工中的临时排水系统，应能最大限度地减少水土流失及对水文状态的改变。

（4）开挖或填筑的土质路基边坡应及时采取防护措施，防止雨季到来时水流对坡面的冲刷而影响排水系统的功能，减少对附近水域的污染。

（5）施工单位不管出于任何需要，未经监理工程师的事先书面同意，不得干扰河道、水道或现有灌溉或排水系统的自然流动，以免导致冲刷与淤积的发生。

4.3.3 废料废方的处理

（1）清理场地的废料和土石方工程的废方处理，不得影响排灌系统及农田水利设施，不得向江河、湖泊、水库和专门堆放地以外的地方倾倒。应按图纸规定或监理工程师的指示在适当地点设置弃土场,有条件时,力求少占土地,并对弃土进行整治利用。

(2)当设置弃土堆时,应按《公路路基施工技术规范》(JTG F10—2006)的规定执行。

(3)桥梁施工过程中的泥浆及废弃物等,应在工程完工时即时清除干净,以免堵塞河道和妨碍交通。

(4)挖方工程及隧道工程的大型弃方场地,应采取以下水土保持措施。

①废方堆放点应统筹安排,堆放点应远离河道,尽量不要压盖植被,尽可能选择荒地。

②应及时对弃方进行压实,并在其表面覆盖植被。可以种植草皮、灌木或树木,达到防止水土流失、美化环境的目的。

③尽可能将弃土方整平用作耕地。

④隧道度渣点应选择植被稀疏的荒地,弃渣的下部和边角宜砌筑拦渣坝或墙,以防止水土流失。

4.4 防止和减轻水、大气受污染

4.4.1 保护水质

(1)施工废水、生活污水不得直接排入农田、耕地、灌溉渠和水库。严禁排入饮用水源。

(2)公路工程施工区域、砂石料场,在施工期间和完工以后,应妥善处理,以减少对河道、溪流的侵蚀,防止沉渣进入河道或溪流。

(3)冲洗集料或含有沉积物的操作用水,应采取过滤、沉淀池处理或其他措施,做到达标排放。

(4)施工期间,施工物料如沥青、水泥、油料、化学品等应堆放管理严格,防止在雨季物料随雨水径流排入地表及附近水域造成污染。

(5)施工机械应防止严重漏油,禁止机械在动转中产生的油污水未经处理就直接排放,或维修施工机械时油污水直接排放。

4.4.2 控制扬尘

(1)为了减少施工作业产生的灰尘,在施工区域内应随时进行洒水或其他抑尘措施,使不出现明显的降尘。

(2)易于引起粉尘的细料或松散料应予遮盖或适当洒水润湿。运输时应用帆布、盖套及类似遮盖物覆盖。

(3)运转时有粉尘发生的施工场地,如水泥混凝土拌和站、大型轧石场、沥青拌和机站等投料器均须有防尘设备,在这些场所作业的工作人员,应配备必要的劳保防护用品。

(4)如果施工单位预防措施不力,并已对邻近的河流、湖泊、池塘、农田或卫生环境造成了危害,则由此而引起的一切损失及后果,应由施工单位负责。

4.4.3 减少废气污染

(1)各种临时设施和场地,如堆料场、加工厂、轧石厂、沥青厂等须远离居民区,而且应设于居民区主要风向的下风处。

(2)如果施工单位预防措施不力,并已对邻近区域的环境卫生造成了危害,则由此而引起的一切损失及后果,应由施工单位负责。

4.5 噪声控制

4.5.1 加强交通噪声的控制和管理。合理安排运输时间,避免车辆噪声污染影响敏感区。合理布置混凝土及砂浆搅拌机等机械的位置,尽量远离居民区。

4.5.2 调整施工时段:晚间控制高噪声机械的设备运行、作业,混凝土拌和机等噪声较大的施工机械设备操作人员实行轮班制,控制工作时间;为相应机械设备操作人员配备噪声防护用品。

4.5.3 选用低噪声设备,加强机械设备的维护和保养,降低施工噪声对附近居民区的影响。

4.5.4 进入项目部驻地和其他非施工作业区的车辆,尽量减少鸣笛次数,最好以灯泡代替喇叭;广播宣传、音响设备合理安排时间,不影响公众办公、学习和休息。

4.5.5 做好宣传工作,取得周围群众的理解和支持,纠正防护不当,安排不合理的行为。

4.5.6 过村路段从夜间10:00到早上5:00不得施工。

4.6 光污染控制

施工照明灯的悬挂高度和方向合理设置,晚间不进行露天电焊作业,不影响居民夜间休息,减少或避免光污染。

4.7 保护绿色植被

4.7.1 施工单位应尽量保护公路用地范围之外的现有绿色植被。若因修建临时工程破坏了现有的绿色植被,应负责在拆除临时工程时予以恢复。

4.7.2 应保护公路两旁的古树、名木和法定保护的树种,即使处在公路用地范围内,有可能时也要尽量设法保护。

4.7.3 施工期间工程破坏植被的面积应严格控制,除了不可避免的工程占地、砍伐以外,不应再发生其他形式的人为破坏。

4.8 土地资源的保护

4.8.1 妥善处理废方,山坡弃土应尽量避免破坏或掩埋路基下侧的林木、农田及其他工程设施。沿河弃土应避免壅塞河道、改变水流方向和抬高水位而淹没或冲毁农田、房屋。应重视弃土堆的复垦,有条件时,宜在弃土堆顶面绿化,或整平成为耕地。

4.8.2 取土坑应选在高地、荒地上,尽量不占耕地;当必须从耕地取土时,应将表面种植土铲除,集中成堆保存,并在工程交工前做好复耕工作,并得到土地有关部门的认可。对于深而宽的取土坑,可根据当地需要,用作蓄水池或鱼塘。在多年的经济作物区或重要的绿化带,不得设置取土坑。

4.8.3 对施工人员加强保护自然资源及野生植物的教育,在雇用合同中规定严禁偷猎和随意砍伐树木。

4.9 现有公用设施的保护

4.9.1 对于受本工程影响或正在受影响的一切公用设施与结构物,施工单位应在本工程施工期间采取一切适当措施加以保护。

4.9.2 靠近公用设施的开挖作业,施工单位应通知有关部门,并邀请有关部门代表在施工时到场。施工单位应将上述通知与邀请的副本提交监理工程师备查。

4.10 人员健康控制措施

4.10.1 对新进入施工区的工作人员进行卫生检疫,检疫项目为:病毒性肝炎、疟疾等虫媒性传染性疾病。

4.10.2 发放常见病的预防药,进行如乙肝疫苗类预防接种,提高人群免疫力。

4.10.3 施工现场内的厨房必须符合当地有关部门关于施工工地厨房卫生要求的规定,办理相关证件。

4.10.4 食堂工作人员上岗必须持有效的健康证,上班时间必须穿戴白衣帽及袖套。洗、切、煮、卖、存等环节要设置合理,生、熟食品严格分开,餐具用后随即洗刷干净,并按规定消毒。职工食堂如图 5-4-1 所示。

4.10.5　施工现场设立医疗室,医护人员全天候值班,对施工人员作定期健康观察和抽样体检,施工班组配备医疗急救箱及常用急救药品。

4.10.6　施工现场落实各项除“四害”措施,定期喷洒药物,严格控制“四害”滋生。

4.10.7　定期对饮用水质和食品进行卫生检查,切断污染饮用水的任何途径;设置专职清洁员,及时清理生活垃圾。

图 5-4-1　职工食堂

第六部分　路面工程施工标准化

1 总　　则

1.1 目的及适用范围

1.1.1 目的

为总结邯郸市干线公路路面工程建设多年来的实践经验，进一步规范路面工程施工的各项工序操作，提高施工管理水平，实现全市路面施工标准化，落实“双标”管理精神，克服质量通病，促进干线公路路面施工质量再上一个新台阶，在现行标准、规范的基础上编写本指南。

1.1.2 适用范围

本指南适用于邯郸市干线公路路面工程施工。

1.2 编写依据

1.2.1 国家、交通运输主管部门发布的与工地建设、公路工程施工有关的法律法规及相关文件、标准、规范、规程和指南。

1.2.2 河北省颁布施行的有关施工管理的规定。

1.2.3 行业内通行的先进施工工艺和管理办法。

1.3 主要内容

本指南共3章，分别为总则、施工准备、路面施工。

2 施工准备

2.1 一般要求

2.1.1 施工单位进场后，应结合工程的主要特点，调查沿线料源分布和交通条件，落实项目经理部、混合料拌和场的具体位置及平面布置等工作，经批准后，开展场地建设。

2.1.2 项目经理部、料场、拌和场建设标准应符合招标文件和本系列指南工地建设标准化部分的要求。

2.1.3 施工单位应按合同文件要求组织人员、设备进场，以满足施工要求。

2.1.4 施工单位必须建立施工质量保证体系，制定和完善质量要求，明确质量责任及考核办法，建立质量责任人档案，落实质量责任制。

2.1.5 路面工程施工前，应做好路基、桥梁及隧道工程等的验收和移交工作，并办理相应书面手续；路面工程施工期间，每一结构层施工前，应对其下承层和路基进行检查，合格后方可进行该结构层施工。

2.2 人员组织

2.2.1 按计划安排组织人员进场，并满足工程实际需要。编制（月、季、半年、年）劳务用工计划，确保特殊季节（农忙、节假日等）劳务人员数量。

2.2.2 施工单位应及时统计劳务人员基本信息，及时与工程所在地公安机关、劳动部门办理相关手续。

2.2.3 应适时组织对劳务人员进行安全教育，按时给劳务人员发放劳保用品。

2.2.4 采取切实有效的办法按时对劳务人员工资进行结算，不准拖欠农民工工资。施工单位负直接责任，项目建设单位或现场执行机构（以下统称项目建设单位）负监管责任，监理单位负责监督责任。

2.2.5 各施工工点管理组织机构框图如图 6-2-1 所示。

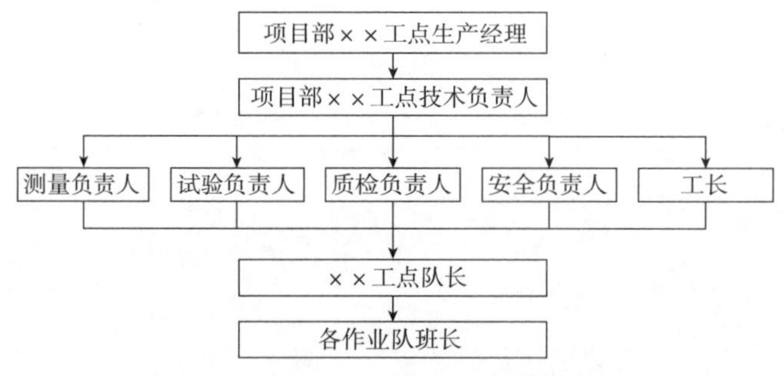

图 6-2-1 施工工点管理组织机构框图

2.3 技术准备

2.3.1 路面工程开工前，应做好设计文件交底工作，监理单位、施工单位应对设计文件进行审核。对设计中存在的问题应及建议，及时以书面形式提请设计单位答复。

2.3.2 建立符合标准化要求的工地试验室，并取得相关资质。

2.3.3 施工单位进驻工地后，应按规定对路线的导线点及水准点进行复测，并根据需要进行相应测点的加密。

2.3.4　编制详细的施工组织设计。施工单位应在签订合同协议书后28d内完成施工组织设计的编制工作。

2.3.5　施工单位应在开工准备工作就绪后，编制总体开工报告。各分项工程开工前，也须编制《分项开工报告》。

2.3.6　施工前，建设单位编制作业指导书并进行分层技术交底。

2.3.7　施工单位应对所有参加施工人员分层次组织技术交底。

2.4　材料准备

2.4.1　沥青混凝土

(1)沥青材料实行“甲供”或“甲控”。

(2)沥青路面使用的各种材料运至现场后必须取样进行质量检验，经评定合格后方可使用，不得以供应商提供的检验报告代替现场检验。

(3)集料粒径规格以方孔筛为准。不同料源、品种、规格的集料不得混杂使用。

(4)粗集料采用具有足够强度和耐磨性的碎石，其表面应清洁、无风化、无杂质。

(5)沥青路面的细集料包括机制砂、石屑。机制砂采用专用的制砂机制造，并应选用优质的石灰岩生产。

(6)作为填料的矿粉应采用石灰岩加工，并清除原石料中的泥土杂质。

(7)沥青。

①道路石油沥青。沥青必须按品种、标号分开存放。除长期不使用的沥青可放在自然温度下存储外，沥青在储存罐中的储存温度不宜低于130℃，并不得高于170℃。桶装沥青应直立堆放，加盖苫布。在储运、使用及存放过程中应有良好的防水措施，避免雨水或加热管道蒸汽进入沥青中。

②改性沥青。成品改性沥青到达施工现场后存储时必须在改性沥青罐中加设搅拌设备并进行不间断地搅拌，改性沥青使用前必须搅拌均匀，在施工过程中应每天取样检验。

2.4.2　水泥混凝土

1)集料

(1)粗集料应使用质地坚硬、耐久、洁净的碎石，其压碎值不大于20%。

(2)用做路面的混凝土的集料使用连续级配，碎石最大公称粒径不应大于31.5mm。

(3)细集料中的砂应采用中粗砂。

2)水泥

(1)水泥进场时每批量应附有出厂合格证(材质单)，路面工程所用水泥必须采用经中国水泥产品质量认证委员会认证的旋窑水泥，其生产厂家年生产能力需达到50万吨以上。

(2)水泥混凝土路面施工应选用散装42.5级普通硅酸盐水泥、矿渣硅酸盐水泥和火山灰质硅酸盐水泥，其初凝时间应在3h以上，终凝时间应在4.5h以上。不得使用快硬水泥、早强水泥以及受潮变质的水泥。

(3)混凝土搅拌时的水泥温度不得高于50℃，且不得低于10℃。

(4)进场水泥的抗压强度、抗折强度、安定性和凝结时间必须经检验合格并经监理工程师认可后方可用于施工。

3)水

施工用水应洁净，不得含有害物质。来自可疑水源的水应按照要求进行试验。

2.4.3　水泥稳定级配碎石(二灰碎石)

(1)水泥稳定粒料用作底基层时，单个颗粒的最大粒径不应超过37.5mm。粒料的颗粒组成应符合规范级配范围要求，均匀系数应大于5。

(2)水泥稳定粒料用做基层时，单个颗粒的最大粒径不应超过31.5mm。对所用的粒料，应预先筛分成3~4个不同粒级。粒料的颗粒组成应符合规范级配要求。

(3)粒料的压碎值应不大于30%。

(4)有机质含量超过2%的土,必须使用石灰处理,闷料一夜,再用水泥稳定;硫酸盐含量超过0.25%的土,不应用水泥稳定土。

(5)用于稳定粒料的普通硅酸盐水泥、矿渣硅酸盐水泥或火山灰质硅酸盐水泥要采用散装,应选用初凝时间3h以上和终凝时间在6h以上的水泥。不应使用快硬水泥、早强水泥以及已受潮变质的水泥。

(6)凡是饮用水(含牲畜饮用水)均可用于水泥稳定土施工。来自可疑水源的水应进行试验,检验合格后方能使用。

2.4.4 级配碎石

(1)级配碎石应用预先筛分成几组不同粒径的碎石和4.75mm以下的石屑组配而成。缺乏石屑时,也可以选用机制砂。要求石屑或机制砂的塑性指数小于1%。

(2)级配碎石的最大粒径宜控制在31.5mm以下,压碎值:基层不大于26%;底基层不大于30%。碎石中针片状颗粒的总含量不超过20%,质软、易破碎的碎石含量不得超过10%,不应有黏土团、植物等有害物质。

(3)压实厚度宜在15~30cm之间。

2.5 机械准备

2.5.1 路面施工主要机械设备实行准入制。

2.5.2 路面施工主要机械设备配备。

(1)拌和设备:稳定土拌和楼、沥青混合料拌和楼、水泥混凝土拌和楼。

(2)摊铺整平设备:稳定土摊铺机、沥青混凝土摊铺机、水泥混凝土滑模摊铺机、平地机。

(3)压实设备:钢轮振动压路机、三轮压路机、振荡压路机、胶轮压路机。

(4)装运输设备:挖掘机、装载机、自卸汽车等。

(5)其他设备:自动洒水车、清扫机、沥青洒布车、石料撒布机、石料破碎筛分设备、强力吹风机等。

2.5.3 设备管理。

(1)机械设备应按计划安排组织进场,并满足工程实际需要。进场后现场负荷试车。

(2)所有机械设备要专人驾驶,定期进行保养。施工过程中要具备良好的使用性能,严禁带故障作业。

(3)所有车辆和各类机械设备应悬挂统一标牌。

(4)设备停放位置要合理规划、分区布置、摆放整齐、确保安全。

(5)明确机械组合配置情况。明确各配备的机械型号、数量、技术性能、工作效率、可靠性等,并对工程质量有重要影响的主要设备提出有效的保证措施,并配备备用设备。

2.6 路基交验

2.6.1 路基完成后,建设单位及时组织监督单位、监理单位、施工单位进行路基交接验收。

2.6.2 路基交接时,应对渐变段、超高段、桥头台背回填处、等级平交道口等特殊路段的外形尺寸和高程及排水等质量指标进行重点检查。

3 路面施工

3.1 水泥稳定粒料(碎石、砂砾)底基层、基层

3.1.1 一般要求

(1)水泥稳定粒料底基层、基层应在春末和气温较高季节组织施工,施工期的最低气温应在5℃以上。

(2)在雨季施工时,应特别注意气候变化,勿使水泥和混合料遭雨淋。降雨时应停止施工,但已经摊铺的水泥稳定粒料混合料应尽快碾压密实并及时覆盖。

(3)配料必须准确,拌和必须均匀,减少在装车过程中的离析,宜采用“前、后、中”顺序,装车完成后宜进行覆盖。

(4)应严格掌握底基层、基层厚度和高程,其路拱横坡应与面层一致。

(5)应在混合料处于或略大于最佳含水率时进行碾压,直至达到要求的压实度。

(6)严禁用薄层贴补法进行找平。分层铺筑时,每层都要做压实度检验,挖出的坑洞应及时进行有效回填。

(7)水泥稳定粒料底基层、基层均应采用集中厂拌法拌制混合料,并用摊铺机摊铺。从加水拌和到碾压终了的时间不应超过水泥终凝时间。

(8)水泥稳定粒料分层施工时,在铺筑上层水泥稳定粒料之前,应始终保持下层表面湿润干净。为增加上下层之间的黏结性,在铺筑上层水泥稳定粒料时,宜在下层表面撒少量水泥或水泥浆。

(9)每一段碾压完成并经压实度检查后,应立即采用土工布覆盖养生,养生期间应始终保持表面湿润。

3.1.2 试验路段(首个工程)

(1)在试验路段开始前14d,施工单位应提出施工方案报驻地办审批。试验路段铺筑长度不少于300m。

(2)试验路段施工方案的内容包括:管理人员、技术人员(测、试、检)、机械设备、施工工序和施工工艺等详细说明。

(3)试验路段施工时应有建设单位、设计单位、监理单位、施工单位参加。

(4)试验路段质量检验结果,必须满足规范质量验收标准,试验路段检测频率应是正常标准中规定频率的2倍。

(5)当使用的原材料和混合料、施工机械、施工方法及试铺路面的各项检测项目都符合规定时,即可编写试验路段总结报告,并报监理工程师认可。

3.1.3 施工要点

1)准备工作面

(1)下承层必须满足相应的质量指标,表面应平整、坚实,具有合适的路拱,没有任何松散和软弱点。施工前应保证下承层表面湿润,同时用石灰标出两条边线。两侧培好路肩,路肩培土不宜过早,保持适宜含水率利于压实。

(2)施工单位应在施工前做好放样工作,恢复中线,每10m设一桩。采用钢钎挂线法施工。

(3)摊铺前,应将下承层上的灰尘及浮土等进行彻底清扫并适当洒水湿润,以保证上下层之间的结合。同时,两侧支设模板,宽度应大于设计宽度至少5cm,并保持湿润。

2)拌和与运输

(1)水泥稳定碎石的拌和应采用厂拌法。拌和设备应有自动计量系统。配料必须准确,工地采用的最低水泥计量应考虑施工过程中的损耗。拌和后的混合料应完全均匀、含水率适当、无粗细颗粒离析现象。厂拌设备的单机拌和能力不得少于500t/h,料仓不应少于6个,且具有良好的自动控制功能。

(2)拌和前应测定各种规格料的含水率,根据含水率、天气情况和运距的长度调整加水量。夏季施工时可先对粒料进行洒水湿润。

(3)料仓的加料应有足够数量的装载机,以确保拌和楼各仓集料充足并且相互之间数量协调。拌和楼在每天结束使用前应清理干净,检查并进行适当维护,尤其要注意避免水泥结块而堵塞水泥下料口。

(4)混合料运输应采用大吨位的自卸车,车况应良好,数量应满足运输要求,装料时车辆应“前后中”移动(图6-3-1)。拌成的混合料应尽快运送到铺筑现场。当摊铺现场距拌和场较远时,混合料在运输过程中应加覆盖物,减少水分损失。在摊铺机前应配备一名熟练的工人指挥自卸车的卸料,以避免自卸车撞击摊铺机。

(5)拌和前,应对拌和设备反复测试调整,使生产出的混合料满足级配要求。每天开盘时,前几盘料应作筛分试验,如有问题及时调整。对当天生产的拌和料按规范要求的检测频率进行抽检。当集料的颗粒组成发生变化时,应重新调试设备。

(6)混合料拌和要均匀,含水率要在大于最佳含水率的2%之内,使混合料运到现场摊铺时的含水率不小于最佳含水率。

(7)料仓或拌缸前应安装剔除超粒径石料的筛子。

(8)拌和现场须有一名试验人员监测拌和时的水泥剂量、含水率和各种集料的配比,发现异常要及时调整或停止生产,水泥剂量和含水率应按要求的频率检查并做好记录。

(9)各料斗应配备1名工作人员,时刻监视下料情况,并人工帮助料斗下料,不准出现卡堵现象,否则应及时停止生产。

4)摊铺

(1)摊铺过程中应根据拌和能力和运输能力确定摊铺速度,避免摊铺机停机待料的情况。如拌和楼生产能力较小,应采用最低速度摊铺,禁止摊铺机停机待料。摊铺机的摊铺速度一般宜在2～3m/min,如图6-3-2所示。

图6-3-1 运输车装料

图6-3-2 水泥稳定碎石基层摊铺

(2)混合料摊铺时,应调整好传感器臂与控制线的关系,严格控制基层厚度和高程。

(3)现场摊铺采用两台摊铺机阶梯式联合摊铺作业,前后两台摊铺重叠50～100mm,中缝辅以人工修整。每台摊铺机最大摊铺宽度不宜大于7.5m,两台摊铺机并机施工时前后相距5～8m,并一起碾压。摊铺机应与拌和设备的生产能力相匹配,每台摊铺机前不应少于5辆车。运到现场的混合料应及时摊铺,中间不宜中断,如因故中断2h以上时,应设横向接缝。摊铺机应带强夯配置,保证初始密实度不低于80%。内侧一台摊铺机应采用宽度自动伸缩的摊铺机,以适应内侧宽度变化的需要。应保证摊铺机速度一致、摊铺厚度一致、松铺系数一致、路拱坡度一致、摊铺平整度一致、振动频率一致等,两摊铺机摊铺接缝应平整。

(4)摊铺机在安装、操作时应采取混合料防离析措施，布料器前挡板的离地高度不得大于3cm。在摊铺机后面应设专人消除离析现象，对于局部粗细料离析采用细料进行修补，严重部位挖除后用符合要求的混合料填补，挖除深度不小于15cm。

(5)摊铺前，应将下承层上的灰尘及浮土等进行彻底清扫并适当洒水湿润，以保证上下层之间的结合。同时，两侧支设模板，宽度应大于设计宽度至少5cm，并保持湿润。

(6)摊铺机行进速度应均匀，中途不得变速，其速度要与拌和机能力相适应，最大限度地保持匀速前进，摊铺不停顿、间断。

(7)在摊铺前两侧均设基准线，控制高程。铺筑时，严禁人为对钢丝绳干扰，造成摊铺后路面的忽高忽低。在摊铺机后应派人专门消除摊铺过后粗细集料离析的现象，对局部粗细集料集中点应进行铲除后用新混合料填补。摊铺时混合料的含水率应高于最佳含水率0.5%～1.0%，以补偿摊铺及碾压过程中的水分损失；摊铺机在施工中以均匀的速度行驶，保证混合料均匀、不间断的摊铺，对外形不规则、路面厚度不同、空间受限制以及人工构造物接头等摊铺机无法工作的地方，可采用人工摊铺。

(8)影响摊铺机振动梁压实效果的因素主要是振幅、频率和摊铺速度，因此摊铺机的振捣和振动系统要根据摊铺的材料、厚度及速度等因素进行合理的选择，切实保证混合料的密实度和平整度。

5)碾压

(1)在摊铺、修整后立即用压路机跟在摊铺机后在全宽范围内进行碾压。每台摊铺机后面，应紧跟三轮或双钢轮压路机、振动压路机和轮胎压路机进行碾压，一次碾压长度一般为30～50m。碾压段落必须层次分明，设置明显的分界标志，有专人指挥，并有监理工程师旁站。

(2)碾压时，应重叠1/2轮宽，后轮必须超过两段的接缝处。各部分碾压到的次数应尽量相同，两侧应多压2～3遍。压路机压不到的地方用小型平板式振动器振动密实。为保证水泥稳定粒料基层边缘压实度，要求在基层边用型钢模板或枕木支撑，且配备有小型打夯机进行打夯。

(3)碾压程序和碾压遍数应通过试验路段确定。碾压应遵循试验路段确定的程序与工艺，驱动轮朝向摊铺机方向，遵循由路边向路中、先轻后重、先下部密实后上部密实、低速行驶碾压的原则，避免出现推移、起皮和漏压的现象。压实时，遵循初压(遍数适中，压实度达到90%)→平整度修正→静压→轻振动碾压，重振动碾压→稳压的程序，压至无轮迹为止。注意初压应充分，振压不起浪、不推移。

(4)严禁压路机在已完成的或正在碾压的路段上掉头或紧急制动，应保证水泥稳定粒料层表面不受破坏。

(5)压实后表面应做到平整，无轮迹或隆起，不得产生“大波浪”现象。碾压后对边线进行人工拍打，使边坡整齐、密实，坡面平整、不松散。

6)接缝处理

(1)水泥稳定粒料混合料摊铺时，应连续作业，如因故中断时间超过3h，则应设横向接缝；每天收工之后，第二天开工的接头断面也应设置横向接缝；应特别注意桥头搭板前水泥稳定粒料的碾压质量。

(2)横缝应与路面车道中心线垂直设置，接缝断面应是竖向平面。施工中应避免纵向接缝。在不能避免纵向接缝的情况下，纵缝必须垂直相接，在下一幅施工前，将接缝处松散的混合料铲除。

(3)每天施工结束后应做施工横缝。首先用6m直尺检测端部水泥稳定粒料层的平整度，确定切割的范围并画线，然后沿划出的线将平整度不合格的混合料铲除。在全幅范围内的横缝严禁采用企口缝。

7)养生

底基层、基层在碾压完成并经压实度检查合格后，采用土工布覆盖养生。采用压力喷洒式养生洒水车，水罐容量不得超过8t，养生期间封闭交通，养生期不得少于7d。水泥稳定碎石洒水覆盖养生如图6-3-3所示。

图6-3-3　水泥稳定碎石洒水覆盖养生

3.2 级配碎石垫层、底基层、基层

级配碎石垫层、底基层、基层施工除满足水泥稳定碎石要求外,还应当满足以下几点:

(1)级配碎石应采用集中拌和,并用摊铺机摊铺。

(2)严格控制好混合料的含水率,做到碾压不翻浆,不松散。

(3)控制好细集料质量,塑性指数小于1%。

(4)压实厚度宜控制在15~30cm之间。

(5)断交施工可以不养生,不断交施工应保持路面湿润,不松散。

3.2.1 一般要求

(1)应严格掌握垫层、底基层、基层厚度和高程,其路拱横坡应与面层一致。

图6-3-4 灌砂法压实度检测

(2)应在混合料处于最佳含水率时进行碾压,直至达到按重型击实试验法确定的要求压实度,压实度检测如图6-3-4所示。

(3)严禁用薄层贴补法进行找平。压实厚度宜控制在15~35cm,分层铺筑时,每层都要做压实度检验,并应达到规定要求。

(4)级配碎石垫层、底基层、基层均应采用集中厂拌法拌制混合料,并用摊铺机摊铺。

3.2.2 试验路段(首件工程)

(1)在试验路段开始前14d,施工单位应提出施工方案报驻地办审批。试验路段铺筑长度不应少于200m。

(2)试验路段施工方案的内容包括:管理人员、技术人员(测、试、检)、机械设备、进场材料、施工工序和施工工艺等详细说明。

(3)试验路段应在监理工程师的监督下进行。

(4)试验路段质量检验结果必须满足质量验收标准,试验路段检测频率应是正常标准中规定频率的2倍。

(5)当使用的原材料和混合料、施工机械、施工方法及试铺路面的各项检测项目都符合规定,即可编写试验路段总结报告报专业监理工程师认可,作为申报正式开工报告的依据。

(6)通过铺筑试验路段,要确定以下主要内容:

①用于施工的原材料、集料级配和混合料配合比。

②主要参数:机械组合及性能(机械的技术性能、工作效率、工作质量、可靠性,以及安全、环保等要求);摊铺机行走速度、振幅、频率;压实机械规格、松铺厚度、碾压遍数、碾压速度;最佳含水率及碾压时含水率的允许偏差等。

③摊铺过程质量控制标准、方法。

④根据试验路段确定的机械组合、进场设备数量和施工工期安排,进一步调整优化施工组织方案,调配机械设备,布设施工工点。

⑤优化后的施工工艺。

⑥优化后的工点管理组织机构和质量、安全等体系。

⑦原始记录、过程记录。

⑧确定每一作业段的长度。

⑨试验路段确定的各项参数作为正式施工现场控制的依据。

3.2.3 施工要点

(1)级配碎石除接缝处理与水泥稳定碎石层有所区别外,其余施工工艺参照水泥稳定碎石层要求。

(2)横向接缝处理。靠近摊铺机当天未压实的混合料,可与第二天摊铺的混合料一起碾压,但应注意此

部分混合料的含水率。必要时,应人工补充洒水,使其含水率达到规定的要求。

(3)应避免纵向接缝。在不能避免纵向接缝的情况下,纵缝必须垂直相接,不应斜接。

(4)级配碎石层施工完成后,应设专人进行交通管制,禁止开放交通,以保护表层不受破坏。同时应尽快开始上覆层的施工。

3.2.4　质量管理及检查验收

(1)必须建立、健全工地试验、质量检查及工序间的交接验收等项目制度。试验、检验应做到原始记录齐全,数据真实可靠。

(2)原材料试验,施工过程中质量控制的项目、频度和质量标准,竣工工程外形的检查项目、频度和质量标准应按照《公路路面基层施工技术规范》(JTJ 034—2000)的规定及招标文件技术规范的有关规定进行。

(3)外观方面应做到:表面平整密实、边线整齐,无松散。

(4)垫层与底基层要求相同。

3.3　透层、黏层与下封层

3.3.1　透层、黏层

1)一般要求

(1)将下承层表面进行全面清扫,再将浮尘吹净,必要时用水冲洗。

(2)气温低于10℃或遇上大风、浓雾或降雨时不得喷洒透层与黏层沥青。

2)施工工序

(1)设备要求:智能型沥青洒布车(图6-3-5)、沥青碎石同步撒布车、洒水车、鼓风机、清扫车等,并采取准入制。透层沥青应采用智能型沥青洒布车喷洒。当使用其他沥青洒布设备时应包括独立操作的油泵、速率计、压力表、计量器、读取油罐内材料温度的温度计、气泡水准仪和软管以及用于沥青洒布机喷洒不到的部位的手喷附属装置。洒布车还应配备有沥青搅拌和循环设备。检查沥青喷洒车的使用状况,标定喷洒量。

图6-3-5　智能型沥青洒布车

(2)基层的清扫。浇洒透层前路面应用清扫车清扫干净,并将浮尘吹干净,尽量使基层表面骨料外露不得松散,以利于透层沥青渗透及与基层的黏结。监理工程师应对已准备好的工作面进行检查,在未批准前不得喷洒透层沥青。

(3)喷洒

①遇上大风、浓雾、正在下雨或即将降雨的天气,不得进行透层沥青施工。洒布透层沥青的气温不应低于10℃。喷洒时,下承层保持湿润。

②喷洒透层前,应对路缘带及喷洒区附近的构造物与树木进行适当防护,以免受到污染。

③正式施工前应检查沥青洒布车并进行试洒,确定喷洒速度和洒油量。

④在喷洒透层沥青时,应由内向外,原则上不重叠或少重叠,露白处需用人工喷洒或设备补洒。

3)施工要点

①施工中应一次喷洒均匀,喷洒的黏层油必须成均匀雾状,在路面全宽度内均匀分布成一薄层,不得打花。当有遗漏时,应由人工补洒。透层沥青洒布后应不致流淌,不得在基层顶面形成油膜。

②乳化沥青黏层油宜在当天洒布,待乳化沥青破乳、水分蒸发完成后,紧跟着铺筑沥青层,确保黏层不受污染。

③喷洒透层沥青后严禁车辆通行,对于乳化沥青要有足够的破乳时间,严禁当天喷洒当天铺筑。

4)施工质量

(1)透层沥青渗透深度应大于5mm,表面透层沥青不应流淌并不得形成沥青油膜。

(2)黏层沥青应洒布均匀、适量。

3.3.2 下封层

1)一般要求

(1)封层喷洒采取沥青碎石同步撒布车。在浇洒封层前,应对已喷洒透层的基层顶面进行检查,有破损地方应进行修补;若有其他污染或杂物应进行冲洗或清扫,当用水冲洗时,应等水分蒸发表面完全干燥后才可进行沥青封层的施工。

(2)下封层宜采用层铺法单层表面处治。

(3)下封层应做到完全密水。

(4)气温低于10℃或遇上大风或即将降雨时不得施工。

(5)下封层应在下面层施工前一天完成,不宜过早施工,避免造成下封层的二次污染。

2)施工工艺及施工质量

(1)先用清扫车清扫下承层,再用强力鼓风机将浮尘吹净。

(2)用沥青碎石同步撒布车进行施工,并撒布均匀,局部不均匀处可用人工处置。

(3)道路石油沥青洒布温度应控制在135~165℃。封层碎石宜采用单一粒径,并采取过筛处理。洒布应均匀、不流淌,保证洒布连续性。

(4)撒布集料后,用轻型压路机进行稳压,碾压速度不超过2km/h。扫除多余松散颗粒。如存在泛油现象,则必须进行返工处理。

(5)沥青油膜应均匀,不成堆,不出现空白、缺边现象,横向无明显流淌。

(6)集料撒布应均匀,无大量重叠、成堆现象,无明显的压碎迹象。

(7)施工后不得大量开放交通。

3.4 热拌沥青混合料路面

3.4.1 一般要求

(1)沥青路面应加强施工过程质量控制,实行动态质量管理。沥青路面施工如图6-3-6所示。

图6-3-6 沥青路面施工

(2)所有与工程建设有关的原始记录、试验检测及计算数据、汇总表格,必须如实记录和保存。对已经采取措施进行返工和补救的项目,可在原始记录和数据上注明,但不得销毁。

(3)施工前施工单位必须保证各种原材料质量,并进行报验。

(4)施工前应对沥青拌和设备、摊铺机、压路机等各种施工机械和设备进行调试,对机械设备的配套情况、技术性能、传感器计量精度等进行认真检查、标定,并应得到监理工程师的认可。

(5)工程开工前,各种原材料的试验结果,及据此进行的目标配合比设计和生产配合比设计结果,应在规定的期限内向监理工程师提出正式报告,待取得正式认可后,方可使用。

(6)沥青面层施工避免与可能污染沥青层的其他工序交叉干扰,以杜绝施工和运输污染。中央分隔带的回填土应在沥青层施工前或在沥青上面层施工后完成。

3.4.2 试验路段

(1)试验路段铺筑,应按首件工程施工要求。

(2)试验路段的长度应不少于300m。

(3)试验路段的铺筑应达到如下目的:

①确定大面积施工的标准配合比。

②确定摊铺厚度和松铺系数。

③确定合理的机械配置,包括数量、组合方式。

④确定标准施工方法:

a.混合料配比的控制。

b.拌和楼的拌和温度、拌和时间。

c.摊铺机的摊铺温度、摊铺速度、摊铺宽度、自动找平方式等。

d.压路机的压实顺序、碾压温度、碾压遍数、碾压组合方式。

e.接缝方法以及确定每一作业段合适的作业长度。

(4)试验路段总结报告应包括如下内容:

①总说明。就试验路段的全过程进行简要介绍,并应有试验路段抽检的主要数据。

②附试验表格。混合料的马歇尔试验、抽提试验、所取芯样的试验及试验路段的其他相关数据。

③附报告。目标配合比及生产配合比试验报告;工地试验室的试验路段检测报告。

④优化后的施工工艺。优化后的工点管理组织机构和质量、安全等体系。

⑤每一作业段的长度。

(5)试验路段总结报告应报监理工程师审批后,方可作为大面积施工的指导方案。

3.4.3　施工要点

1)混合料的拌和

(1)生产沥青混合料要避免对周围环境的污染。拌和场应具有完备的排水设施。各种集料必须分隔储存,细集料场必须设防雨顶棚,料场及场内道路应做硬化处理,严禁泥土污染集料。

(2)集料进场宜在料堆顶部平台卸料,经推土机推平后,铲运机从底部按顺序竖直装料,减小集料离析。

(3)沥青混合料的拌和时间应由试验确定,普通沥青混合料每盘拌和时间不宜少于45s(其中干拌时间不少于5s),改性沥青混合料每盘拌和时间宜为60s左右(其中干拌时间不少于5s),以使混合料拌和均匀,无花白料。

(4)沥青混合料配合比控制。拌好的沥青混合料应进行质量跟踪抽检,检查集料级配、油石比等指标,发现问题及时调整生产配合比,集料级配应在生产配合比目标值的容许偏差范围内,并不得超出规定级配的范围。

2)混合料的运输

(1)在运料车装载时,采用“前、后、中”两次三步装料法,以减小混合料发生粗细集料的离析。

(2)运输车采用棉苫布严密覆盖,车厢两侧应有保温措施。混合料运到施工现场时温度应符合要求。

(3)运料车应有紧密、清洁、光滑的金属底板。为防混合料粘在车厢底板上,可采取涂刷一层薄层油水(柴油:水为1:3)混合液来避免。但不得有余液积聚在车厢底部。

(4)采用插入式温度计检测沥青混合料的出厂温度和运到现场温度,插入深度应大于150mm。在运料卡车侧面中部设专用检测孔,孔口距车箱底面约300mm。测试方法应符合《公路路基路面现场测试规程》(JTG E60—2008)的规定。

(5)运送沥青混合料车辆的车厢底板面及侧板必须清洁,不得沾有有机物质,对不符合温度要求或已经结成团块、已遭雨淋湿的混合料作废弃处理。及时清理车厢内的残余料,保持车厢整洁。运料车进入摊铺现场时,轮胎上不得沾有泥土等可能污染路面的脏物,否则应设水池清洗净轮胎后进入工程现场。

(6)热拌沥青混合料宜采用大吨位的车辆运输,一般应不小于15t,车辆数量应根据运输距离、摊铺速度确定,适当留有富余,每台摊铺机前方应有不少于5辆运料车等候卸料时方可开始摊铺,摊铺过程中每台摊铺机前等待卸料车不得少于3辆,开始摊铺时后到达车辆先卸料摊铺,以保证摊铺温度。

3）沥青混合料的摊铺（图6-3-7）

（1）摊铺机开工前应提前0.5～1h预热熨平板，温度不低于100℃。铺筑过程中应选择熨平板的振捣或夯锤压实装置，选择适宜的振动频率和振幅，以提高路面的初始压实度初始压实度不小于85%。

（2）摊铺机铺筑上面层采用平衡梁法施工，其他层采用挂线法施工。在路面狭窄部分、平曲线半径过小的匝道或加宽部分，以及小规模工程不能采用摊铺机铺筑时可用人工摊铺混合料。

（3）沥青路面不得在气温低于10℃的情况下施工。热拌沥青混合料的最低摊铺温度按《公路沥青路面施工技术规范》（JTG F40—2004）的要求确定。

（4）应为每条主线行驶车道的两个外缘设置参考线，以进行垂直控制。允许利用参考线进行水平控制。

4）混合料的压实及成型

（1）沥青路面施工应配备足够数量的压路机，选择合理的压路机组合方式，沥青路面碾压如图6-3-8所示。铺筑双车道沥青路面的压路机数量不宜少于5台。施工气温低、风大、碾压层薄时，压路机数量应适当增加，轮胎压路机轮胎外围宜加设围裙保温。

图6-3-7 沥青混合料的摊铺

图6-3-8 沥青路面碾压

（2）压路机的碾压温度应符合《公路沥青路面施工技术规范》（JTG F40—2004）的要求，并根据混合料种类、压路机、气温、层厚等情况经试压确定。

（3）沥青混合料的初压。初压应紧跟摊铺机后碾压，并符合下列要求：

①保持较短的初压长度，以尽快使表面压实，减少热量散失，并不得产生推移、发裂等现象，压实温度应根据沥青稠度、压路机类型、气温、铺筑层厚度、混合料类型经试铺试压确定。

②压路机应从外侧向中心碾压，在超高路段则由低向高处碾压，在坡道上应将驱动轮从低处向高处碾压，相邻碾压带应重叠1/3～1/2轮宽，最后碾压路中心部分，压完全幅为一遍。

③碾压时应将驱动轮面向摊铺机。碾压路线及碾压方向不应突然改变而导致混合料产生推移。压路机启动、停止时必须减速缓慢进行。

（4）沥青混合料的复压。复压应紧接在初压后进行，不得随意停顿，并符合下列要求：

①复压宜采用重型的轮胎压路机、振动压路机。碾压遍数应经试压确定，不宜少于4～6遍，达到要求的压实度，并无明显轮迹。

②当采用轮胎压路机时，总质量不宜小于20t。当碾压厚层沥青混合料时，总质量不宜小于25t。

③当采用三轮钢筒式压路机时，总质量宜不小于12t。

④对粗集料为主的较大粒径的混合料，宜优先采用振动压路机复压。

（5）沥青混合料的终压。终压应紧接在复压后进行。终压可选用双轮钢筒压路机或关闭振动的振动压路机碾压不宜少于2遍，至无明显轮迹为止。最后用1台钢轮压路机在终压温度以上完成消迹碾压，提高平整度。路面压实成型的终了温度应不低于90℃的要求。

5）接缝处理

（1）纵向接缝应与下层的纵向接缝错开20cm以上，摊铺时采用梯队作业的纵缝应采用热接缝。施工时应将已铺混合料部分留下10～20cm宽暂不碾压，作为后摊铺部分的高程基准面，后面摊铺机的熨平板应重叠先前已摊铺混合料至少5cm宽的条带。钢轮压路机应紧跟摊铺机对热接缝部位先进行压实，并用6m直尺检查平整度，最后再作跨缝碾压以消除缝迹。

(2)横向接缝应符合下列要求：

①相邻两幅及上下层的横向接缝均应错位1m以上。并采用垂直的平接缝，不得采用企口缝。铺筑接缝时，可在已压实部分上面铺设一些热混合料使之预热软化，以加强新旧混合料的黏结。但在开始碾压前应将预热用的混合料铲除。

②平接缝应做到紧密黏结，充分压实，连接平顺。

③从接缝处起继续摊铺混合料前应用6m直尺检查端部平整度，当不符合要求时，应予清除。横向接缝处摊铺混合料后应清缝，然后检查新摊铺的混合料松铺厚度是否合适。清缝时，不得向新铺混合料方向过分推刮。接缝处摊铺层施工结束后再用6m直尺检查平整度，当有不符合要求者，应趁混合料尚未冷却时立即处理。

④横向接缝的碾压应先用双轮或三轮钢筒式压路机进行横向碾压。碾压带的外侧应放置供压路机停顿的垫木，碾压时压路机应位于已压实的混合料层上，伸入新铺层的宽度为15cm。然后每压一遍向新铺混合料移动15～20cm，直至全部在新铺层上为止，再改为纵向碾压。当相邻摊铺已经成型，同时又有纵缝时，可先用钢筒式压路机沿纵缝碾压一遍，碾压宽度为15～20cm，然后再沿横缝作横向碾压，最后进行正常的纵向碾压。

(3)应将摊铺层的外露边缘准确切割到要求的线位。修边切下的材料及任何其他的废弃沥青混合料均应由施工单位按工程师同意的方式从路上清除，妥善处理，不得随地丢弃。

(4)摊铺机采用梯队作业的纵缝严禁产生冷接缝。对于特殊段落不可避免地出现冷接缝时，冷接缝处理方案应报监理工程师批准。

3.5　水泥混凝土面层

3.5.1　一般要求

(1)水泥混凝土路面应采用集中厂拌法拌制混合料，从拌和到摊铺终了的时间不应超过初凝时间。

(2)模板支撑三辊轴平面平整度必须满足要求，支撑面与侧面形成直角。

(3)路面摊铺时应半幅整体摊铺，严禁分条摊铺。摊铺前，工作面应平整、坚实、干净，并均匀洒水湿润作业面及模板。

(4)卸料、布料应与摊铺速度相协调。

(5)严格控制混凝土坍落度和振捣工艺，防止漏振和超振。

(6)在不能避免纵向接缝的情况下，纵缝必须垂直相接。

(7)应适时采用切缝机对混凝土路面进行切缝，切割完毕后即刻对切缝灌注沥青膏。

(8)伸缩缝设置采用硬质橡胶板。

(9)当混凝土初凝后，及时采用土工布覆盖洒水养生。

(10)所有收浆抹面应采用座式收浆机，表面压光。

(11)应采用移动式遮阳防雨棚进行施工作业。

(12)刻纹应采用轨道悬挂式刻纹机。

3.5.2　试验路段

(1)试验路段采用首件工程控制，在正式开工之前，施工单位应在监理工程师批准的桩号位置铺筑长度不小于200m的试验路段。

(2)施工单位在试验路段开始前14d提出铺筑方案，并报监理工程师审批。

(3)通过铺筑试验路段，确定以下主要项目：

①通过试铺检验主要机械的性能和生产能力，检验辅助施工机械组配的合理性，检验路面摊铺工艺和

质量,以确定以下参数:基准线设置方式、摊铺机械的适宜工作参数值、施工工艺流程。

②根据试验路段确定的机械组合、进场设备数量和施工工期安排,进一步调整优化施工组织方案,调配机械设备,布设施工工点。

③优化后的施工工艺。

④优化后的工点管理组织机构和质量、安全等体系。

⑤原始记录、过程记录。

⑥确定每一作业段的长度。

⑦试验路段确定的各项参数作为正式施工现场控制的依据。

(4)施工单位应根据试验路段所取得的资料与数据,编写试验路段总结报告报监理工程师审查批准,并作为正式开工的依据。试验路段确定的各项数据均作为今后施工现场控制的依据。

3.5.3 施工要点

(1)工作面应平整、坚实、干净,具有规定的路拱,没有坑洞、辙槽以及任何松散材料。

(2)在施工之前应根据设计文件做好放样工作。测量校核平面和高程控制桩,复测和恢复设计中线。

(3)采用计算机自动控制系统的拌和站,并按需要打印拌和记录。粉煤灰或其他掺和料采用与水泥相同的输送、计量方式加入。

(4)每次拌和站开机前,应测定各种规格料的含水率,根据含水率、天气情况和运距调整用水量。

(5)运输采用混凝土搅拌运输车,数量应满足运输要求。在摊铺机前,应配备专人指挥罐车卸料。

(6)三辊轴整平机按作业单元分段整平,作业单元长度宜为20~30m,应采用前进振动、后退静滚方式作业,振捣机振实与整平两道工序之间的时间间隔不超过15min。

(7)应有专人处理轴前料位的高低情况,过高铲除,轴下有空隙时,应用混凝土找补。

(8)三辊轴整平机前方表面过厚、过稀的砂浆必须刮除丢弃。

(9)在不能避免纵向接缝的情况下,纵缝必须垂直相接。

(10)应采用土工布覆盖洒水养生。用洒水车在另半幅,人工喷洒。

3.5.4 质量控制要点和监理要点

(1)检测计划铺筑施工段的下承层质量情况,是否干净、湿润、无积水、无杂物等。

(2)模板湿润,支设牢固,线形顺直,曲线圆滑。模板和下承层之间的缝隙符合规定,并在模板外侧将缝隙封堵。

(3)摊铺设备工作性能良好,表面清洁干净。

(4)随时检测混凝土铺筑时的坍落度,塌落度过大的混凝土应避免使用。混凝土和易性良好。随时检查传感器拉线高程;随时量测熨平板后面的板厚并及时调整;摊铺前挂线调整挤压板和熨平板的横坡。

(5)摊铺厚度、宽度符合要求,振捣密实,无过振、漏振现象。

(6)收浆跟进及时,二次收浆符合要求。收浆后表面泌水率符合要求。

(7)拉毛或刻槽跟进及时,深度、宽度等符合要求。

(8)用切缝机适时切缝,切缝后,混凝土无掉边、掉角、崩裂等现象,灌缝及时。

(9)土工布覆盖养生及时,混凝土表面无裂缝。

(10)伸缩缝、施工缝预留顺直,符合设计要求,相邻板基本顺接。

(11)检测成品板厚度、宽度、平整度、横坡度、构造深度、相邻板高差、中线偏位情况、纵断高程、纵横缝顺直度等。

(12)检查防雨遮阳棚的配备情况。

第七部分　桥梁工程施工标准化

1 总　　则

1.1 目的及适用范围

1.1.1 目的

为克服当前桥梁施工中常见的质量通病，规范干线公路桥梁工程施工，提高管理水平，保证施工质量安全，结合邯郸市干线公路桥梁施工的实际情况，编写本指南。

1.1.2 适用范围

本指南适用于邯郸市干线公路桥梁工程施工。

1.2 编制依据

1.2.1 国家、交通运输主管部门发布的与工地建设、公路工程施工有关的法律法规及相关文件、标准、规范、规程和指南。

1.2.2 河北省颁布施行的有关施工管理的规定。

1.2.3 行业内通行的先进施工工艺和管理办法。

1.3 主要内容

本指南共分 8 章，分别为总则，施工准备，通用要求，桥梁基础，墩柱、盖梁，上部结构，改扩建桥梁施工，桥梁附属工程。

2 施 工 准 备

2.1 一般要求

2.1.1 人员机械采用准入制，施工单位应按招标文件的要求配齐人员、机械设备和试验检测仪器，建立相应的施工管理机构，制定现场管理的各项规章制度，落实管理措施。

2.1.2 水泥混凝土采用厂站集中拌和。

2.1.3 应在施工现场的合适位置布置统一制作的各类标示牌、警示牌。

2.1.4 桥梁工程施工现场，宜采用封闭式管理。

2.2 人员组织

2.2.1 按计划安排组织人员进场，并满足工程实际需要。编制(月、季、半年、年)劳务用工计划，确保特殊季节(农忙、节假日等)劳务人员数量。

2.2.2 根据合同工期，合理安排桥梁专业施工队陆续进场；施工队伍的特殊工种作业人员，必须具有安检部门颁发的特种作业许可证。

2.2.3 施工单位应及时统计劳务人员基本信息，及时与工程所在地公安机关、劳动部门沟通办理相关手续。

2.2.4 应适时组织对劳务人员进行安全教育，按时给劳务人员发放劳保用品。

2.2.5 采取切实有效的办法按时对劳务人员工资进行结算，不准拖欠农民工工资。施工单位负直接责任，项目建设单位或现场执行机构(以下统称项目建设单位)负监管责任，监理单位负责监督责任。

2.2.6 各施工工点管理组织机构框图见图7-2-1。

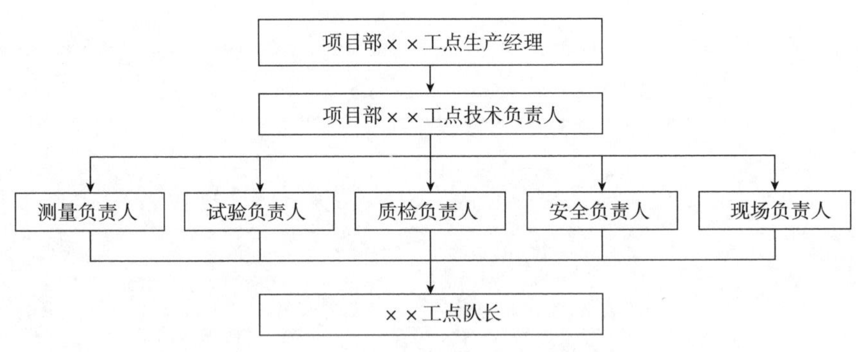

图7-2-1　施工工点管理组织机构框图

2.3 技术准备

2.3.1 对施工现场做补充调查和复核，根据新掌握的资料结合施工单位的经验、技术和设备条件，对设计中需要变更、改进的地方向有关单位提出建议，并通过协商进行解决。

2.3.2 进一步了解桥位处的地质、水文和气象资料。

2.3.3 了解设计标准、构造细节的质量要求。

2.3.4 详细了解设计中拟采用的施工方法。

2.3.5 施工现场的地形地物;用水用电;生活、生产物资及自采材料;当地可利用的劳动力;可租赁的机具及运输问题;复核勘测标志的交点,进行施工测量。

2.3.6 编制施工图预算和施工预算。

2.3.7 原材料试验。

2.3.8 试验器具及张拉设备的检验与标定。

2.4　机具准备

2.4.1 所使用的机械设备应采用准入制,特种机械应取得相关资质证明。应在显著位置悬挂操作规程牌。

2.4.2 现场各类机械设备,应符合施工组织设计或方案的要求,质量证明文件应齐全、状态良好。现场各类机械设备停放位置,应合理规划、分区布置、摆放整齐。

2.4.3 应保证设备安全可靠,运转正常,严禁设备带故障作业。施工单位应定期对施工机械(具)设备进行检查维修和保养清洗。

2.5　材料准备

2.5.1　材料的选用要求

为保证工程质量,特殊建筑材料及半成品实行准入制,如水泥、钢筋、钢绞线、锚垫板、支座、伸缩装置、外加剂、焊条等。

2.5.2　建筑材料的储存方式、场地及保护措施

建筑材料存放场地及储存等应按第一部分工地建设标准化规定执行。

3 通 用 要 求

3.1 钢筋

3.1.1 禁止在每个桥位附近随意设置简易的钢筋加工场，宜采用统一加工。临时钢筋加工点必须经总监理工程师审批。

3.1.2 桩基、墩柱、盖梁、小箱梁、T 梁、空心板及小构件预制结构等钢筋绑扎，必须在台座上使用胎架完成。成品钢筋骨架必须具有一定的刚度，吊运、安装过程中要采取防止变形的有效措施。

图 7-3-1 钢筋表面涂刷水泥净浆防锈

3.1.3 运至施工工点的钢筋及骨架应支垫至少 50cm 存放，停止作业或遇雨雪时应及时覆盖。

3.1.4 钢筋成品、半成品构件运输，应有专门的吊装、运输设备，保证不变形、不污染。

3.1.5 混凝土浇筑时，应执行盯岗制度，必须安排与该道工序有关的钢筋工、模板工，以及测量、质检人员等值班盯岗。

3.1.6 预埋件预埋要准确、牢固。对于 4 个月之内不能浇筑或越冬暴露在空气中的钢筋预埋构件，应采取涂刷水泥浆等措施进行防锈处理，涂刷水泥浆时不得污染混凝土构件表面，如图 7-3-1 所示；轻微锈蚀的钢筋应采取喷砂等有效除锈办法进行除锈。

3.2 模板

3.2.1 模板应进行专门设计，并应具有足够的强度和刚度，外露混凝土面的模板应表面光洁平整且必须使用钢模，模板面积不小于 $1.5m^2$，模板实行准入制。

3.2.2 在计算荷载作用下，对模板结构应按受力程序分别验算其强度、刚度及稳定性。

3.2.3 模板的结构应简单，制作、装拆应方便。模板板面之间应平整，保证接缝严密、不漏浆，并应保证结构物外露面平整美观，线条顺直。

3.2.4 钢模板在安装前应抛光打磨，清除污垢，涂刷脱模剂。同一结构宜采用同一品种脱模剂。不得使用废机油及其混合物，不得污染钢筋及混凝土的施工缝。

3.3 混凝土

3.3.1 水泥应符合下列规定：

（1）选用的水泥应符合《通用硅酸盐水泥》（GB 175—2007）的规定，水泥的品种和强度等级应通过混凝土配合比试验选定，且其特性不会对混凝土结构强度、耐久性及使用条件等产生不利影响。

（2）水泥进厂时应附有厂家的合格证。

（3）水泥进场后，应按其品种、强度等级及出厂时间等情况分批进行检查验收。

（4）当对水泥质量有怀疑（如受潮）或存放时间超过 3 个月，应重新取样复验，并应按其复验结果使用。

3.3.2　细集料应符合下列规定：

(1)细集料宜采用级配良好、质地坚硬、颗粒洁净且粒径小于5mm的河砂，或采用符合规定的人工砂。

(2)当对河砂、机制砂的坚固性有怀疑时，应采用硫酸钠进行坚固性试验。

3.3.3　粗集料应符合下列规定：

(1)粗集料应采用坚硬的碎石，应按生产地、类别、加工方法和规格等不同情况，分批进行检验，强度等级大于C40的混凝土使用的粗集料水洗后方可使用。

(2)集料应按品种规格分别堆放，不得混杂；在装卸及存储时，应采取措施，使集料的颗粒级配均匀，并保持洁净。

3.3.4　混凝土的拌和、养护用水应符合《混凝土用水标准》(JGJ 63—2006)的规定。

3.3.5　外加剂应符合下列规定：

(1)应根据使用目的，结合外加剂的特点，确定外加剂的使用品种。

(2)外加剂应与水泥、矿物掺合料之间具有良好的相容性，当采用两种及两种以上的外加剂时，外加剂之间亦应有良好的相容性。外加剂的用量应通过配合比试验确定。

(3)外加剂必须检验合格后方可使用，不同品种的外加剂应分别存储，做好标记，在运输与存储时不得混入杂物和遭受污染。

3.3.6　掺合料应符合下列规定：

(1)掺合料应保证质量稳定，来料均匀，出厂时应附带产品质量合格证书，使用前应进行质量复试，确保合格。

(2)混凝土中粉煤灰、磨细矿渣粉、硅灰等矿物掺合料的掺入量应通过试验确定。

(3)掺合料在运输与存储中，应有明显标志，严禁与水泥等其他粉状材料混淆。

3.3.7　混凝土的配合比应符合下列规定：

(1)混凝土的配合比应以质量比表示，并应通过计算和试配选定。试配时应使用施工实际采用的材料，配制的混凝土拌和物应满足和易性、凝结时间等施工技术条件；制成的混凝土应满足强度、耐久性(抗冻、抗渗、抗侵蚀)等质量要求。

(2)当工程需要获得较大的坍落度时，可在不改变混凝土的水灰比及不影响混凝土质量的情况下，经监理工程师批准可适量增加外加剂。

(3)在充分满足施工要求及混凝土性能标准的前提下，混凝土配合比设计应采用尽可能小的水胶比。

(4)除应对由各种组成材料带入混凝土中的碱含量进行控制外，还应控制混凝土的总碱含量。

3.3.8　混凝土的拌制应符合下列规定：

(1)混凝土应采用带有自动计量、进料和控制搅拌时间的强制式搅拌机进行拌制。计量器具应定期检定，搅拌机经大修、中修或迁移至新的地点后，也应进行检定；混凝土生产单位应每月自检一次。

(2)混凝土配料时，各种衡器应保持准确，每一工作班正式称量前，应对计量设备进行校核。

(3)对集料的含水率应经常进行检测，雨天施工时应增加测定次数，以调整集料和水的用量。

(4)对于在拌和站搅拌的混凝土，应检查混凝土拌和物的均匀性，混凝土拌和物应拌和均匀，颜色一致，不得有离析和泌水现象。

(5)混凝土拌和物的坍落度，应在搅拌地点和浇筑地点分别取样检测，每一工作班或每一单元结构物不应少于两次。评定时应以浇筑地点的测值为准。在检测坍落度时，还应观察混凝土拌和物的黏聚性和保水性。

3.3.9　混凝土的运输应符合下列规定：

(1)混凝土的运输能力应适应混凝土凝结速度和浇筑速度的需要，使浇筑工作不间断并使混凝土运到浇筑地点时仍保持均匀性和规定的坍落度。混凝土拌和物宜采用搅拌运输车运输。

(2)采用泵送混凝土时应符合下列规定：

①混凝土的供应应保证输送混凝土的泵能连续工作。在泵送过程中，受料斗内应具有足够的混凝土，

防止吸入空气产生阻塞。

②输送管线宜直，转弯宜缓，接头应严密，如管道向下倾斜，应采取措施防止混入空气，产生阻塞。

③泵送前应先用适量的、与混凝土内成分相同的水泥砂浆润滑输送管内壁。混凝土出现离析现象时，应立即用压力水或其他方法冲洗管内残留的混凝土，泵送间歇时间不宜超过 15min。

3.3.10 混凝土的浇筑应符合下列规定：

(1)浇筑混凝土前，应对支架、模板、钢筋和预埋件进行检查，并做好记录，符合设计要求后方可浇筑。

(2)混凝土采用合理的布料方式，按一定厚度、顺序和方向分层浇筑，应在下层混凝土初凝或重塑前浇筑完成上层混凝土。上下层同时浇筑时，上层与下层前后浇筑距离应保持 1.5m 以上。

(3)混凝土的浇筑应连续进行，因故中断间歇时间应小于前层混凝土的初凝时间或重塑时间。

(4)混凝土浇筑完成后，应在其收浆后及时覆盖，减少混凝土表面水分的散失，防止产生收缩裂缝，并根据环境温度及构件表面温度适时进行洒水、蒸汽或保温、保湿养生，保持混凝土表面始终处于湿润状态。

(5)对于大体积混凝土的浇筑和养生，应制定专门的施工工艺，使混凝土内外温差保持在 25℃ 范围之内，防止出现温差裂缝。

(6)浇筑混凝土期间，应设专人盯岗，检查支架、模板、钢筋和预埋件等稳固情况，当发现有松动、变形、移位应及时处理。

(7)浇筑混凝土时，应填写混凝土施工记录。

3.3.11 混凝土的养护应符合下列规定：

(1)混凝土收浆后应尽快采用透水土工布或薄膜覆盖保湿，有条件时应采用喷淋养护。干硬性混凝土、高强度和高性能混凝土、炎热天气浇筑的混凝土以及桥面等大面积裸露的混凝土应加强初始保湿养护。养护时间应不少于 7d，对重要工程或有特殊要求的混凝土应酌情延长养护时间。

(2)在气温不低于 5℃ 的情况下，可采取覆盖、洒水、抗风、保温等方式对混凝土进行养护；当气温小于 5℃ 时，严禁向混凝土面洒水，应对混凝土表面进行覆盖并采取保温措施进行养护。短期低温时应适当延长拆模时间。

3.3.12 高性能混凝土的施工应符合下列规定：

(1)高性能混凝土的配合比应通过试验确定。

(2)混凝土的坍落度宜根据施工工艺的要求确定，条件允许时宜选用低坍落度的混凝土。

3.4 预应力混凝土用管道

3.4.1 负弯矩管道须采用波纹状的高密度聚乙烯塑料管。

3.4.2 管道进场必须有质量保证书、出场合格证。严格检测其外观、尺寸、集中荷载下的径向刚度、荷载作用后的抗渗漏及抗弯曲渗漏等。

3.4.3 混凝土浇筑时，管道内宜插入合适直径的胶芯抽拔管，防止管道变形。

4 桥梁基础

4.1 钻孔灌注桩

4.1.1 一般要求

(1)施工前应制定专项施工技术方案和安全技术方案并经监理工程师审核。

(2)施工技术人员与工人已全部到位,并进行技术交底,明确了质量、安全、工期、环保等要求;钢筋、水泥、砂、碎石等材料均已到场并通过检验。

(3)施工放样已完成,经检验,精度满足规范要求。

(4)泥浆循环系统已完成,拌制的泥浆经检验符合规范要求。

(5)按照设计资料提供的地质剖面图,选用适当的钻机。钻机就位前,应对钻机坐落处进行平整和加固,对主要机具的安装,配套设备等各项准备工作进行检查。

(6)混凝土施工配合比已报批,混凝土拌和站调试完毕,可随时供应混凝土。

4.1.2 施工要点

(1)护筒中心竖直线应与桩中心线重合。

(2)制备泥浆。钻孔泥浆由水、黏性土和添加剂组成。

(3)钻机安装后的底座和顶端应平稳。

(4)钻孔深度达到设计高程后,应对孔深、孔径、倾斜度和沉淀厚度等进行检查。

(5)在清孔时,注意保持孔内水头,防止坍孔。正循环清孔采用稀浆置换法,禁止直接往孔底注入清水换浆。

(6)桩孔必须逐一用探孔器探孔。

(7)安装钢筋笼骨架时,要将其吊挂在支设于孔口护筒外地面的方木上。

(8)导管使用前应进行水密承压试验和接头抗拉试验。

(9)灌注过程中,严格控制导管下口和灌注混凝土顶面距离钢筋骨架底的距离,防止钢筋骨架上浮;应经常检测导管埋深,防止导管埋置过深或拔出混凝土。

(10)水下混凝土灌注的桩顶高程要比设计高程高出80~100cm,保证桩顶混凝土密实。

(11)灌注桩混凝土强度达到设计强度的70%以上时,方可破除桩头。

4.2 扩大基础及承台

4.2.1 扩大基础

(1)扩大基础的基底为非黏性土或干土时,在施工前应将其湿润,并应按设计要求浇筑混凝土垫层,垫层顶面不得高于基础底面设计高程;地基为淤泥或承载力不足时,应按设计要求处理后方可进行基础施工;基底为岩石时,应采用水冲洗干净,且在基础施工前应铺设不低于基础混凝土强度等级的水泥砂浆。

(2)扩大基础的施工宜采用钢模板。混凝土宜在平截面范围内水平分层进行浇筑,且机械设备的能力应满足混凝土浇筑的施工要求;当浇筑量过大,设备能力难以满足施工要求,或大体积混凝土温控需要时,可分块浇筑。

(3)明挖地基开挖前,应对基坑边坡的稳定性进行验算,并应制定专项施工技术方案和安全技术方案。

(4)明挖地基较深时宜在少雨季节施工,基坑顶面应在开挖前做好防、排水设施,排水措施应有效。深基坑施工应采用坑外降水、基坑支护,防止邻近建筑物产生沉降。

(5)明挖地基开挖前应完成场地布置,出渣道路应畅通,弃土场设置应合理,四周排水系统应完善,临时电力线路、安全设施等准备就绪。

(6)基坑开挖应集中人力、物力连续作业,从开工到完成应尽量做到不停顿并快速施工,基础施工完成后应及时回填。

4.2.2 承台、系梁

1)一般要求

(1)开挖基坑前,应设置防止地表水流入基坑的设施。

(2)机械开挖基础时,预留至少20cm由人工开挖至设计高程以下至少10cm处(硬质基岩地基开挖至设计高程)。承台、一步系梁地基承载力必须满足设计要求。不得用虚土回填基底。

(3)基础断面边缘应至少较设计断面宽1m以上。

(4)基础底作业面应用厚度不小于10cm的水泥混凝土硬化,硬化面边缘较承台、系梁设计断面至少宽50cm。如基坑内有渗水,基坑四周应开挖排水沟集中抽水排出。

(5)不得使用砖砌、土模等方式替代模板。

(6)不得使用溜槽进行混凝土浇筑。

(7)桥梁基础应检测完成,并符合有关要求后方可进行承台、系梁施工。

(8)浇筑完成后,用土工布覆盖洒水养生;模板拆模后,专业监理工程师应验收并留取照片后,再进行防腐处理,符合要求后方可进行回填;台背处承台基坑回填必须逐层夯实,逐层检验。

2)施工要点

(1)绑扎钢筋前,应对伸入承台、系梁的桩头钢筋进行校正。

(2)测量承台、系梁顶高程,保证模板高度高出设计高程至少2mm。

(3)模板支设后用砂浆将模板四周缝隙进行封堵,防止漏浆。

(4)严格分层浇筑、振捣密实;二次收浆,用钢抹子将混凝土表面压光。与肋板、墩柱结合部位应及时刷毛,如采用凿毛,必须当混凝土强度达到设计强度的50%后,方可机械凿毛。

4.3 桥梁基础常见质量通病的预防

4.3.1 钻进中塌孔预防

(1)在松散粉土或流沙中钻孔时,应选用较大比重、黏度的泥浆,并放慢进尺速度。也可投入黏土掺片石,低锤冲击,将黏土掺片石挤入孔壁,稳定孔壁。

(2)根据不同地质,调整泥浆比重,确保泥浆具有足够黏稠度,确保孔内外水位差,维护孔壁稳定。清孔后及时灌注混凝土。

(3)清孔时应指定专人负责补水,保证钻孔内必要的水头高度。

(4)发生孔口坍塌时,可立即拆除护筒并回填,重新埋设护筒再钻。坍孔部位不深时,可用深埋护筒法,将护筒周围土填密实,重新钻孔。

(5)发生孔内坍塌时,判断坍塌位置,回填砂和黏土(或砂和黄土)混合物到坍孔处以上1~2m。如坍孔严重时应全部回填,待回填物沉积密实后再进行钻进。

4.3.2 钻孔偏斜预防

(1)安装钻机时应使转盘底座水平,其中滑轮轴、固定钻杆的卡孔和护筒中心三者应在一条竖直线上,并经常检查校正。

(2)由于主动钻杆较长,转动时上部摆动过大,必须在钻架上增设导向架,控制钻杆上的提引水笼头,使其沿导向架向下钻进。

(3)在有倾斜的软硬底层中钻进时,应采用减压钻进,控制进尺或回填片石冲平后再钻。

(4)偏斜严重时应回填砂黏土到倾斜处,待沉积密实后再继续钻进。

4.3.3　缩径预防

(1)应经常检查钻具尺寸,及时补焊或更换磨损的硬质合金。有软塑土时,采用失水率小的优质泥浆护壁。

(2)采用钻具上、下反复扫孔的方法来扩大孔径。

4.3.4　护筒冒水、钻孔漏浆预防

(1)埋设护筒时,护筒四周土要分层夯实,土质应选择含水率适当的黏土。

(2)起落钻头时,应注意对中,避免碰撞护筒。

(3)护筒刃脚冒水,用黏土在周围填实、加固。

(4)如护筒严重下沉、位移,则应返工重埋护筒。

4.3.5　导管提升时卡挂钢筋笼预防

(1)导管拼装后轴线顺直,吊装时,导管应位于井孔中央。

(2)发生卡挂钢筋笼时,可转动导管,待其脱开钢筋笼后,将导管移至孔中央继续提升。

(3)导管宜采用丝扣连接式导管,不宜采用法兰盘接头式导管。

4.3.6　钢筋笼在灌注混凝土时做上浮预防

(1)钢筋笼制作时,将笼底进行防上浮处理。

(2)灌注孔底时,勤量测灌注混凝土高度、导管埋深、距离钢筋笼孔底位置,防止灌注混凝土导管口距离钢筋笼底过近。当混凝土表面接近钢筋笼底时,应放慢混凝土灌注速度。

(3)根据孔径的大小选择不同直径的导管,控制混凝土的通过量。

5 墩柱、盖梁

5.1 一般要求

5.1.1 现场安全质量保证体系已建立，明确了工点、工序负责人。

5.1.2 所需机械、设备等已准备就绪。

5.1.3 水泥、砂、碎石、钢筋等材料已全部进场，配合比已确定。

5.1.4 桥梁的基础已检测完成，桥墩、盖梁的测量放样已经完成。

5.1.5 设计图纸及文件已审核，提出的问题已得到相关部门的回复，并对班组进行了详细的技术交底。

5.1.6 分项工程开工报告已得到批复，施工现场的劳动力满足施工进度的要求，施工进度计划及分项工程的施工方案已得到批准。

5.2 施工要点

5.2.1 墩柱、盖梁模板应采用定型单块面积大于 1.5m^2的钢模。

5.2.2 对于固结墩施工盖梁应注意固结墩钢筋的预埋，非固结墩注意支座钢板的预埋，保证位置准确，钢板的预埋采用与盖梁模板固定等方式保持钢板顶面水平。

图 7-5-1 整体吊装法安装盖梁钢筋骨架示意图

5.2.3 模板与钢筋的安装工作应配合进行，模板不应与脚手架进行连接，避免引起模板变形，如图 7-5-1 所示。

5.2.4 墩柱和系梁混凝土灌注完成后，应立即进行表面覆盖洒水养生。

5.2.5 模板及支架的拆除应遵循先支后拆，后支先拆的顺序进行，严禁随地乱扔，应码放整齐、堆码有序。

5.2.6 每座桥梁墩柱开工前，应先做试验墩，以检查模板质量、混凝土外观质量、色泽等，获得批准后方可进行全面施工。

6 上部结构

6.1 后张法预应力梁预制

6.1.1 一般要求

(1)分项工程开工报告等技术资料已审批、交底。

(2)现场施工人员到位,配置合理,工种齐全。

(3)预制梁使用的千斤顶、油泵、钢筋加工机械及压浆机等机械设备均已进场,张拉设备已标定。

(4)梁板应集中预制。

6.1.2 施工工艺

1)钢筋

(1)钢筋储存、加工、安装应严格按照规范进行。

(2)对于原材及已加工好的钢筋应分类堆放,并做好标识,以便检查,钢筋焊接时,焊接端钢筋应预弯,保证钢筋的轴线在同一直线上,且满足搭接长度。

(3)钢筋垫块采用爪形或弧形垫块,呈梅花形均匀布置。底板垫块(图7-6-1)数量应不少于6块/m^2,侧面不少于4块/m^2,特殊部位可适当增加,使用绑丝固定牢靠。

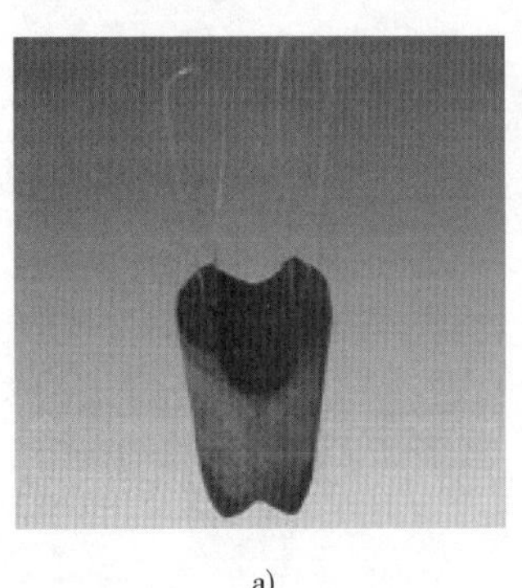

a)

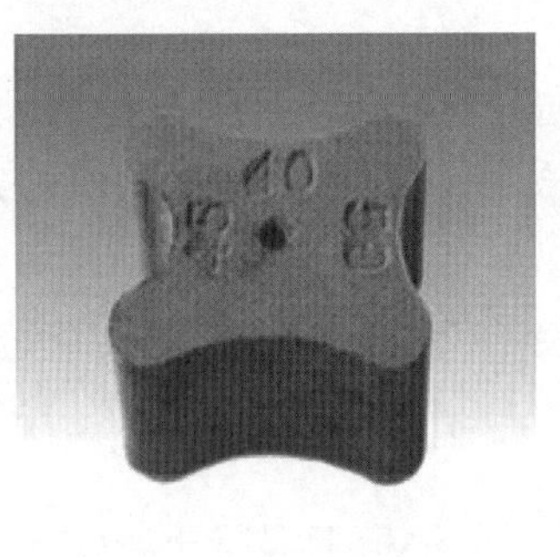

b)

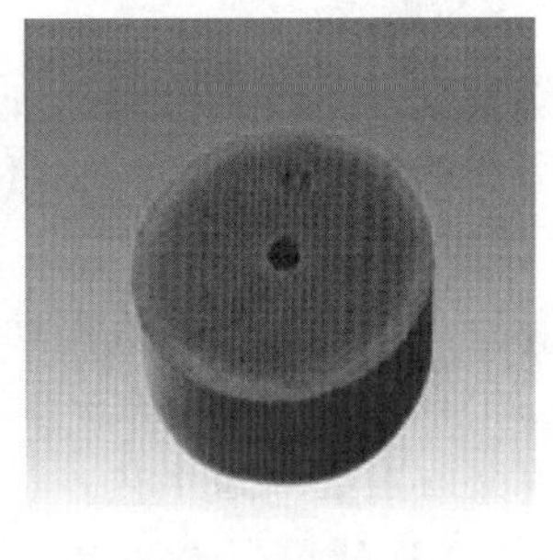

c)

图7-6-1 各种形式的垫块

2)模板

(1)梁板模板实行准入制。除现浇箱梁及异形构件的模板外,所有构件模板均应使用新制作的大块钢模板,平面模板面积不小于1.5m^2,模板使用前仔细进行抛光处理。

(2)应对模板强度、刚度进行验算。预制梁、板底座台面厚度不小于5mm,单块长度不小于2m,侧模板采用标准化整体钢模,钢板厚度不小于6mm,模板接口螺栓连接钢板必须满焊,不得点焊。

(3)混凝土浇筑前必须检查模板支设的牢固性和稳定性;支设过程中,必须采取防止倾覆设施;浇筑时必须安排模板工专人盯岗。

(4)模板接缝应用胶条牢固粘贴,不得使用海绵等替代。

(5)混凝土浇筑时,振捣棒不得触及模板。

(6)模板损伤轻微的,可采用原子灰修整;损坏严重的必须更换。

(7)箱梁或T梁外模处每隔一定距离布置一个附着式振动器,两侧错开布置。

(8)模板隔离剂应认真调制、涂刷,使模板表面隔离剂薄而均匀,确保梁片色泽一致,表面光洁。

(9)当要求梁片设置横坡时,梁翼板必须按横坡预制。

(10)要采取可靠措施,有效固定内模,防止内模上浮或下沉。

3)波纹管、锚垫板安装及定位

(1)波纹管在安装前应通过检查,确保不变形、无渗漏现象。

(2)在钢筋绑扎过程中,应根据设计文件,精确固定波纹管和锚垫板位置。波纹管定位筋间隔和接头长度应不低于规范要求,接头用塑料胶带缠裹严密,保证不漏浆。

(3)波纹管安装后应线形顺畅,坐标正确,定位筋固定牢固;尽量减少波纹管接头,接头要采取密封处理措施,保证接头牢固、密闭。波纹管的连接,采用大一号同型波纹管做接头管,接头管长不小于30cm。波纹管接头及锚垫板喇叭管接头处用密封胶带封口。混凝土浇筑时,波纹管内应使用衬管,负弯矩部分宜采用塑料波纹管。

(4)为保证预留孔道位置的精确,端模板应与侧模和底模紧密贴合,并与孔道轴线垂直。孔道管固定处应注明坐标位置,锚垫板还应编上号,以便钢绞线布置时对号入座。

(5)钢筋焊接时应做好高密度聚乙烯塑料波纹管的保护工作,如在管上覆盖湿布,以防焊渣灼穿管壁发生漏浆。

4)钢绞线下料时应通过计算确定下料长度,应保证张拉的工作长度,下料应在加工棚内进行,切断采用切断机或砂轮锯,不得采用电弧切割,不得过电和沾油,同时注意安全,防止钢绞线在下料时伤人。

5)混凝土浇筑施工

(1)在钢筋、模板、预埋件、预应力孔道、混凝土保护层厚度等检查合格后才能浇筑混凝土。

(2)在浇筑前检查施工机具的完好性、各种设施的安全性,检查其是否达到安全规定要求;振捣器是否正常工作。

(3)现场技术负责人和监理人员在浇筑前应检查混凝土的和易性和坍落度是否满足要求。

(4)混凝土浇筑顺序。

①浇筑混凝土应采用水平分层、斜向分段的施工方法进行;每层厚宜控制在30cm左右。

②腹板或梁端钢筋较密处的振捣可采用插入式振捣棒(直径为50mm或者30mm)配合附着式振动器振捣,插入式振捣棒应避免触及波纹管及模板。

③顶板的混凝土振捣采用平板振动器配合插入式振捣器振捣。

(5)混凝土的浇筑应连续进行。在浇筑过程中应防止模板、钢筋、波纹管等松动、变形、破裂和移位。任何预制梁板不得采取二次浇筑工艺。

(6)应加强锚垫板处混凝土振捣,保证锚垫板下混凝土密实。

(7)预制梁板顶面应采用平板振动器或振动抹子振捣,必须执行二次收浆工艺,第二次收浆必须用钢抹子压光。

(8)拆除模板时应防止损伤混凝土。拆模时按设计规定且不低于以下要求:跨径不超过20m的梁板,当混凝土强度达到设计强度标准值的50%以上时,方可拆除承重模板;跨径超过20m以上的梁板,达到设计强度标准值的75%以上时,方可拆除承重模板。严格掌握非承重模板拆除时间,应在混凝土终凝后达到设计强度标准值的10%以上方可拆除;低温及冬季施工时,模板拆除时间应在浇筑完成至少48h后再拆除。

6)预制梁板养生

预制梁板养生采用全天候覆盖自动喷淋养生或蒸汽养生法养生,并做好循环水的利用。

7)预应力筋张拉施工

(1)预应力张拉采用数控张拉。

(2)张拉前的混凝土养生时间及强度控制:混凝土强度应不小于设计规定值,T梁时间至少7d或遵从设计规定。

(3)张拉前先做好千斤顶和压力表的校验与张拉吨位相应的油压表读数和钢绞线伸长量的计算,尤其对千斤顶和油泵应进行仔细的检查,保证各部分不漏油并能正常工作。

(4)钢束的张拉采用两端同时对称张拉,对长索更应严格控制,张拉顺序按设计要求进行,原则上的顺序为:先上后下,先中间后两边,先长后短,应对称于构件截面的竖直轴线,同时考虑不使构件的上下缘混凝土应力超过容许值,如图7-6-2所示。

8)压浆施工

(1)采用智能压浆。

(2)张拉结束后,立即进行压浆,压浆具体要求应按规范执行。

(3)采用的水泥质量应经严格检验合格后方可用于压浆。

(4)压浆作业过程,最少每隔3h应将所有设备用清水彻底清洗一次,每天用完后也用清水进行冲洗。

(5)压浆过程及压浆后2d内气温低于5℃时,在无可靠保温措施下禁止压浆作业。温度大于35℃不得拌和或压浆。

9)封锚

(1)锚头封堵可采用水泥砂浆材料,但是压浆时,必须保证砂浆强度满足压浆需要也可使用真空帽的方式(密封帽)或原子灰密封。

(2)端梁封锚应在吊装前完成。对需封锚的锚具,封锚前首先对梁端混凝土凿毛,然后设置钢筋网浇筑封锚混凝土,必须严格控制封锚后的梁体长度。封锚混凝土应采用补偿混凝土,务必使锚具处的混凝土密实,强度应符合设计规定。封锚前必须对锚头用防锈漆涂刷防锈处理,并将锚头杂物清理干净。封锚时,必须采用定型钢模板支设,并加强混凝土振捣。必须严格控制浇筑封锚端混凝土后梁体长度,如图7-6-3所示。

图7-6-2　后张法预应力张拉

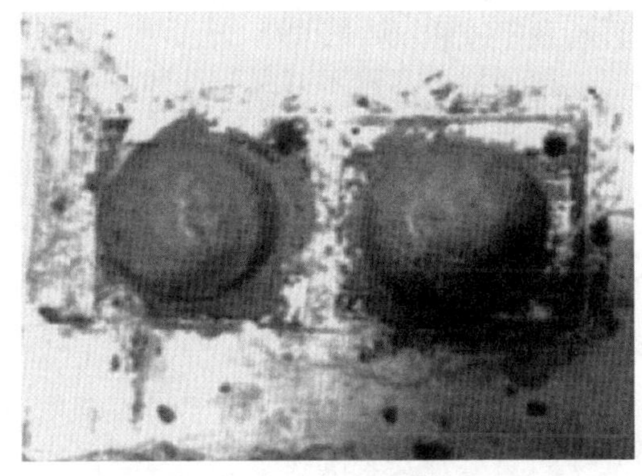

图7-6-3　锚头封堵

(3)封锚混凝土浇筑后,静置1~2h,带模浇水养护。脱模后在常温下一般养护时间不少于7d。冬季气温低于5℃时不得浇水,且养护时间增加,同时应采取保温措施。

6.1.3　施工质量

(1)预制时应将伸缩缝预埋筋、泄水孔、防撞护栏预埋筋、吊梁孔(环)、钢束孔道等设计要求的预埋件全部按正确位置准确装好。

(2)梁体混凝土表面应平整、光滑、色泽一致、无明显模板接缝、无漏浆、无蜂窝、麻面等缺陷,水泡、气泡小且少,外观线条顺畅,边梁翼板边缘线顺直、平整。

6.2　先张法预应力梁预制

6.2.1　一般要求

(1)审核设计文件,进行技术交底。

(2)做好施工所需的劳动力组织、机械设备组织、材料组织。

(3)做到预制场内清洁,布局合理有序。

6.2.2 施工要点

(1)为了便于脱模,在浇筑混凝土之前,对台面及模板应先刷隔离剂。预应力筋遭到油污时一定要清除干净。

(2)采用梁场集中预制。

(3)采用数控张拉。

(4)施加应力所用的机具设备及仪表应专人使用和管理,并应定期维护和校验。

(5)浇筑混凝土时采取芯模上浮措施。

图7-6-4 先张法预应力筋张拉

(6)预应力筋的放张。

①先张法预应力筋放张(图7-6-4)时,构件混凝土强度应符合设计与规范要求。

②预应力筋的放张方案应符合设计要求,采取整体放张,减缓放张速度。

③预应力筋全部放松后,用砂轮切割外露钢筋,并用砂浆封闭或涂刷防蚀材料,防止生锈。台座上预应力筋的切割顺序,宜由放张端开始,逐次切向另一端。

(7)空心板梁存放期须满足设计要求,存放高度不得大于3层。采取负重措施减少起拱度。

6.2.3 施工质量

(1)应选择品质优良的混凝土,尽量采用大粒径、强度高的骨料,严格控制混凝土坍落度,以减少因混凝土收缩和徐变引起的预应力损失。

(2)拌和料中可掺入适量的减水剂,严格控制水、水泥、减水剂用量准确到±1%,骨料用量准确到±2%。

(3)振捣棒振捣应尽量不碰及钢筋和模板。

(4)浇筑混凝土时,应分底板、腹板、顶板顺序进行。

(5)外观质量要求参照本章6.1.3条。

6.3 预应力梁安装

6.3.1 一般要求

(1)桥梁墩台已经施工完成,并达到承载强度;垫石、支座经验收,其高程、平整度、水平度等指标符合要求。

(2)对于负责梁片安装的技术、设备操作手等人员应进行适当的培训,人员配置全面、合理。如应有起重工、电工、架子工、电焊工、测量员等特别工种人员必须持证上岗。

(3)架梁使用的手拉葫芦、电葫芦、千斤顶、架桥机械、钢轨、枕木、配重设备等机械设备材料均已进场。

(4)梁片生产已经满足架设需要并达到设计要求。

6.3.2 施工要点

1)梁板运输(图7-6-5)

(1)使用梁板专用平板拖车或超长拖车设备。支点处应设置活动转盘防止搓伤构件混凝土,严格控制梁板支点。使用前必须严格进行检验。

(2)梁板吊装至拖车上后,必须使用手拉葫芦与拖车连接,并采取防倾覆措施及防预拱度增加的措施。

(3)16m及以下的梁板可根据施工便道及拖车能力一次运输多片,分层装运,每层梁板之间必须用方木隔离,并用手拉葫芦与运输拖车有效连接。20m以上的梁板,原则上一次只允许托运1片。

图7-6-5 梁板运输

(4)托运前必须对施工便道进行全面检查和必要的处理。必要时采用与梁板等长的构件替代梁板试托运,特别是弯道处、上下坡地段。

(5)原则上夜间不进行安装作业。运至安装现场当天不能安装的梁板不得在运输车上存放,应在场地平整地段支垫方木存放。当天安装结束后,梁板不得提前装车过夜。

2)垫石、支座

(1)支承垫石的混凝土强度应符合设计要求,不得用砂浆找平,顶面高程准确且平整。架梁前应进行检查,避免安装后支座与梁底发生偏歪、不均匀受力或脱空现象。梁板安放后,还应再次检查,使梁、板就位准确且与支座密贴受力均匀。

(2)支承垫石内或梁底有钢板时,务必保证钢板的型号和表面高程。钢板底部的混凝土必须振捣密实,不得出现钢板悬空现象。

(3)支座的上下钢板定位螺栓应切割平齐,不得妨碍支座自由变位。支座防尘罩应及时敷设。

(4)应全面检查支座的各项性能指标,包括支座长、宽、厚、硬度(邵氏)、容许荷载、容许最大温差以及外观检查等,如不符合设计要求时,不得使用。

(5)在桥面铺装层和防撞护栏完成后,还应特别注意检查边梁(板)的支座承压情况,并采取上述措施确保支座均匀受力。

(6)支座安装后要及时清理杂物,拆除临时支座或其他临时固定设施。

3)预制梁安装

(1)梁体吊离台座时应检查梁底的混凝土质量(主要是空洞、露筋、钢筋保护层等),为保证梁体的安装精度,安装前应保证预制梁符合质量要求。

(2)检查支撑结构的尺寸、高程、平面位置和墩台支座与梁体支座尺寸,清除支座钢板的铁锈和砂浆等杂物,弹出每片梁的安装线。

(3)梁体安装就位后,应做到各梁端整齐划一,梁端缝顺直,宽度符合设计要求。

(4)梁体安装就位在固定前,应进行测量校正,符合设计要求后,才允许焊接或浇注接头混凝土,并做好记录。

(5)梁体接头混凝土应用设计规定强度的混凝土和符合施工缝处理要求的方式进行浇筑。在接头处钢筋的焊接或金属部件的焊缝必须经过隐蔽工程验收后,方可浇筑接头混凝土。

4)负弯矩预应力施工

(1)负弯矩预应力施工时间相对靠后,应做好孔道封口保护及锚垫板的防锈处理。

(2)不得先穿束后浇筑梁端连续段混凝土,梁端连续段混凝土强度必须达到设计要求后方可穿束进行负弯矩预应力施工。

(3)张拉前对预留孔道应用通孔器或其他可靠方法进行检查。

(4)预应力筋的张拉顺序应符合设计要求。

(5)端部预埋板与锚具和垫板接触处的焊渣、毛刺、混凝土残渣等应清除干净,封端混凝土槽口清理合格后方可填筑混凝土。

6.3.3 施工质量

(1)安装后构件不得有硬伤、掉角和裂纹等缺陷。

(2)梁板就位后湿接缝应及时浇筑,相邻梁板之间的缝隙嵌填要密实。

(3)支座接触必须严密,不得有空隙,位置必须符合设计要求,支座安装规定值或允许偏差见表7-6-1。

(4)活动支座必须按规定上润滑剂。

支座安装规定值或允许偏差 表7-6-1

项次	检验项目	规定值或允许偏差
1	支座中心与主梁中心线(mm)	应重合,最大偏差<2
2	高程	符合设计要求

续上表

项次	检验项目		规定值或允许偏差
3	支座四角主差(mm)	承压力≤5 000kN	<1
		承压力>5 000kN	<2
4	支座上下各部件纵轴线		必须对正
5	活动支座	顺桥向最大位移(mm)	±250
		双向活动支座横桥向最大位移	±25
		横轴线错位距离(mm)	根据安装时的温度与年平均最高、最低温差计算确定
		支座上下挡块最大偏差的交叉角	必须平行且<5′

6.4 支架式现浇

6.4.1 一般要求

(1)审核设计文件,现浇施工方案已经审批,对施工班组进行技术交底。人员到位,并配置合理,支架现浇施工中应有测量员、架子工、木工、钢筋工、混凝土工、电工、电焊工等。

(2)支架现浇施工中的支架、模板、起吊等设备耗用量大,钢筋、水泥预压材料等用量多,应组织材料、设备提前进场。

(3)支架进场验收。

①支架材料采用准入制。

②支架应具有足够的强度、刚度和稳定性,应能承受施工过程中所产生的各种荷载。

③支架的结构应简单、合理,结构受力应明确,安装、拆除应方便。

④支架应稳定、坚固,应能抵抗在施工过程中可能发生的振动和偶然撞击。

⑤支架应高于8m,跨径大于18m,必须经有资质的设计单位验算。

6.4.2 施工要点

(1)支架安装。按照计算的立杆间距放样,横桥向为小间距,顺桥向为大间距。底部设底托,顶部设顶托,方木接头必须设置在顶托中间。增加剪刀撑数量并与使用钢管与立柱及盖梁捆绑连接,增强支架的整体稳定性,如图7-6-6所示。

图7-6-6 支架搭设

(2)支架沉降测量。

①在支架箱梁底模上设置测点,在0/4、1/4、2/4、3/4、4/4跨径的左、中、右设置测点。

②预压前测量各点高程,预压过程中,每隔一定时间测量各点高程。

③支架预压结束的判定:连续48h支架的沉降为零。

④卸载后测量各点高程。

⑤数据分析,计算弹性沉降量和非弹性沉降量。

(3)调整底板高程。调整预拱度。

(4)拆除支架时注意解除盆式支座的锁具,保证支座正常工作。

6.5 上部结构常见质量通病的预防

6.5.1 伸长值超过规范要求预防措施

(1)预应力张拉理论伸长值计算必须按实测弹性模量和截面积进行计算。

(2)对于连续多波曲线筋和小半径曲线筋,应实测孔道摩阻力。加强对操作工人的岗位培训。

6.5.2　滑丝、断丝预防措施

(1)穿束前,预应力钢束必须按规范要求进行检验,编束,正确绑扎。

(2)张拉前锚、夹具需按规范要求进行检验。

6.5.3　预应力筋回缩值偏大预防措施

应选用合适的限位板。对钢绞线截面面积进行检测,不合格的不得使用。

6.5.4　顶板厚度不够预防措施

(1)固定芯模的套箍绑扎牢固,必要时加密。

(2)上部采用压杠把芯模压住。压杠不应直接固定在模板上,应使用地锚拉住,加密压杠。

(3)应对称浇筑,减少混凝土的上浮力。

6.5.5　负弯矩锚垫板拉裂预防措施

(1)锚垫板下部混凝土应用直径比较小的振捣棒加强振捣,确保密实。

(2)上齿板必须使用定型模板,支模板时应把锚垫板固定牢固,位置准确。

(3)严格控制混凝土拌制用的粗集料粒径,锚垫板部位的混凝土尽量人工铲运。

6.5.6　起拱偏差大预防措施

(1)张拉前测定温度,避免高温、低温进行张拉。

(2)强度、龄期满足要求后进行张拉。梁板体系转换应在设计规定的时间内完成,且不超过3个月。否则对梁板加载预压。

(3)可延长梁板的养生时间,且混凝土强度符合要求后再张拉。

6.5.7　挠度超过设计预想值预防措施

(1)验算预应力构件结构设计。

(2)保证施工混凝土强度。

(3)保证预应力施加满足设计要求。

7 改扩建桥梁施工

7.1 一般要求

7.1.1 拼接施工前，若老桥存在局部病害需要补强加固的，必须完成老桥的加固后才能进行新老桥的拼接。桥梁改扩建施工如图7-7-1所示。

图7-7-1 桥梁改扩建施工

7.1.2 新拼桥梁的平面和高程控制必须满足老桥拼接要求。新拼桥梁的放线采取双控，即设计坐标定位控制和老桥墩台帽沿纵向的实际定位相一致来控制。

7.1.3 新桥梁板预制前，必须严格复测新桥实际跨经，严防直接参照标准图预制而导致实际安装时梁板过长现象。

7.1.4 新桥高程控制应遵循“宜低不宜高”的原则，与老桥的高差应在墩台帽顶支座垫石施工时及时调整到位。新桥搭板施工时也应控制好高程，按新老桥上部结构拼接植筋要求做好新老搭板的植筋连接。

7.1.5 新拼桥梁的施工不得影响老桥的结构安全和桥台背路堤的稳定，如果必须提前拆除部分桥梁结构必须先加固后拆除，确保老桥的结构安全和行车安全。

7.1.6 对于旧桥不同类型的病害，监理、施工单位在拼接施工前应根据设计单位提供的维修加固图纸及技术资料，认真组织桥梁病害的核查、维修和补强加固，然后再进行拼接施工。

7.2 旧桥拆除

7.2.1 旧桥护栏切除

(1)将旧桥沥青混凝土路面进行洗刨，并清理干净露出原水泥混凝土铺装层顶面。

(2)采用液压或电动装置连接固定人造金刚石盘锯，将护栏切成7.5m左右的段落，并用水钻在段落两端约1m处钻两个吊装孔，方便防撞护栏的整体调离。

(3)应沿护栏底部横向将护栏切除。

7.2.2 边梁翼缘切除

(1)翼缘向里40cm位置放出切割施工线，按照切除护栏的方法将切割部分切成7.5m左右的段落，将翼缘切除掉离。

(2)翼缘切割画线应考虑在理论切割线往外1~2cm，以便为按施工缝处理留有余地。

(3)对一片板、梁翼缘(或护栏)的切割需一次连续完成，切忌切除一部分后，等待一段时间后再进行切除剩余部分。

7.2.3 高压水射流破除混凝土

悬臂外侧15cm采用高压水射流破除混凝土设备进行破除。用墨斗盒弹出破除边线及设备行驶路线后，往加压设备注水，以100~280MPa的高压水射流，将施工线以外悬臂混凝土破除，露出老桥钢筋。

7.3　植筋

7.3.1　定位

按设计要求标示植筋钻孔位置、型号，若基材上存在受力钢筋或钢绞线，钻孔位置可适当调整，但均宜植在箍筋内侧（对梁）或分布筋内侧（对板）。

7.3.2　钻孔

钻孔宜用电锤或风钻成孔，如遇钢筋或钢绞线宜调整孔位避开。如采用水钻（取芯机）成孔，钻孔内碎屑应用洁净水冲洗干净，并晾晒至干燥。

7.3.3　清孔

（1）钻孔完毕，检查孔深、孔径合格后将孔内粉尘用压缩空气吹出，用毛刷、棉布将孔壁刷净，再次压缩空气吹孔，反复进行 3 ~ 5 次，直至孔内无灰尘碎屑，将孔口临时封闭。若有废孔，清净后用植筋胶填实。

（2）钻孔孔内应保持干燥。

7.3.4　钢材除锈

钢材锚固长度范围的铁锈、油污应清除干净，并打磨出金属光泽。

7.3.5　锚固胶配制

（1）LYJGNR 植筋胶为 A、B 两组分，配胶宜采用机械搅拌，也可用细钢筋棍人工搅拌。

（2）取洁净容器和称重衡器按配合比混合，并用搅拌器搅拌约 5 ~ 10min 左右至 A、B 组分混合均匀为止。搅拌时最好沿同一方向搅拌，尽量避免混入空气形成气泡。

（3）胶应现配现用，每次配胶量不宜大于 5kg。

7.3.6　植筋

（1）水平孔植筋可用 ϕ6 细钢筋配合托胶板往孔内捣胶，也可让施工人员戴好皮手套，将配好的胶成团塞、捣进孔内。

（2）钢筋可采用旋转或手锤击打方式入孔，手锤击打时，一手应扶住钢筋，以避免回弹。

（3）锚固胶填充量应保证插入钢筋后周边有少许胶料溢出。

7.3.7　固化、保护

（1）植筋后夏季 12h 内（冬季 24h 内）不得扰动钢筋，若有较大扰动宜重新植。

（2）LYJGNR 植筋胶在常温、低温下均可良好固化，若固化温度为 25℃左右，2d 可承受设计荷载；若固化温度为 5℃左右，4d 可承受设计荷载，且锚固力随时间延长继续增长。

7.3.8　检验

植筋后 3 ~ 4d 可随机抽检，检验可用千斤顶、锚具、反力架组成的系统做拉拔试验。

7.4　拼接湿接缝混凝土浇筑施工

7.4.1　混凝土的技术要求

（1）其配比设计、施工方法、技术要求参见《公路桥涵施工技术规范》（JTG/T F50—2011）。

（2）混凝土最大粒径不超过结构厚度的 1/4。

（3）应采用半干硬性混凝土，以减少混凝土的收缩徐变。

7.4.2　混凝土浇筑操作程序

（1）铺装混凝土与湿接缝 UEA 补偿收缩混凝土分两次浇筑，铺装层混凝土强度达到 90% 后，方可浇筑湿接缝混凝土，一般情况两者有 30 ~ 50d 的龄期差。

（2）混凝土浇筑施工流程

湿接缝 UEA 补偿收缩混凝土：新拼接板、梁横向伸出钢筋与植筋进行焊接、混凝土现浇层钢筋焊接→清洗杂物→支立底板吊模（紧贴梁底不出现漏浆）→润湿新老混凝土的接触面→依次从桥孔中向两端浇筑混凝土→振动密实形成粗糙面→混凝土养生。

8 桥梁附属工程

8.1 垫石、支座

8.1.1 一般要求

(1)监理工程师应对浇筑完毕的垫石逐个检测,对垫石强度、轴线偏位、断面尺寸、顶面高程、顶面四角高差和相邻垫石间高差、预埋件位置等项目逐一检查。垫石如图7-8-1所示。

(2)不得用砂浆、钢垫板等替代垫石。垫石浇筑后必须加强养生。

(3)支座应严格进行"甲控",有条件时可以进行"甲供"。"甲控"提货应由建设单位、监理单位和施工单位三方一起见证提货。

(4)支座的材料、质量和规格必须满足设计和有关规范的要求,经验收合格后方可安装。安装后由监理工程师检查,并留存照片。

图7-8-1 垫石

(5)支座安装前,应分别在垫石和支座上标出纵横向中心的十字线,安装时上下各部位纵轴线必须对正。当安装温度与设计不同时,应通过计算设置支座顺桥向预偏量。

(6)支座要与垫石密贴,不得有偏斜、脱空和不均匀受力等现象,不得使用砂浆找平,不得在安装前涂刷水泥浆。当需要支垫时,可采用钢板在支座下面支垫一层。要保证梁板与支座密贴,均匀受力。支座的最大承载力应和桥梁支点反力相吻合。如支座垫石有预埋钢板时钢板上可以打1~2个排气孔。

(7)支垫钢板及支座钢板预埋件外露部分必须采取防腐处理措施。

(8)四氟滑板橡胶支座应水平安装。支座的四氟滑板不得设置在支座底面,与四氟滑板接触的不锈钢板也不得设置在墩台垫石上。安装前必须将滑动支座表面清除干净,并涂满设计要求型号的硅脂油。梁板就位后及时安装防尘罩。

(9)不锈钢板应就位准确,并与梁板底支座预埋钢板焊接牢固。

(10)盆式支座应灌满设计要求型号的硅脂油。梁板就位后及时安装防尘罩。

8.1.2 施工要点

1)板式橡胶支座

(1)支座安装前应将墩、台支座及垫石和梁底面清洗干净,去除油污。检测支座垫石高程、平整度及四角高差是否满足规范要求。

(2)支座安装应尽可能安排在接近年平均气温的季节里进行,或按设计要求进行。

(3)梁板安装时,必须就位准确且与支座密贴;就位不准时,必须吊起重放,不得用撬杠移动梁板。

(4)当墩台两端高程不同时,顺桥向或横桥向有横坡时,支座必须严格按照设计规定控制高程。

(5)做好支座周围的排水坡,及时清理支座附近的尘土、油脂与污垢等。

(6)每片梁安装后,检查支座是否脱空,发现脱空,吊起重安,在支座底安装薄钢板(防锈处理),禁止使用水泥浆、砂浆等材料找平。

2)盆式橡胶支座

(1)安装前支座应用丙酮或酒精擦拭干净。

(2)焊接固定时应防止烧坏混凝土;螺栓固定时,其外露螺杆的高度不得大于螺母的厚度;注意支座的安装方向。

(3)安装支座的高程及四角高差应符合设计要求和施工规范的要求;支座上下导向挡块必须平行,最大偏差的交叉角不得大于规范要求。

(4)支座不得发生偏歪、不均匀受力和脱空现象。滑动面上的四氟滑板和不锈钢板不得有划痕、碰伤等,位置准确,安装前必须涂上润滑剂。

(5)支座安装时分清支座的种类、滑动方向、安装位置等,防止安装反向或用错支座。

8.2 桥面铺装

8.2.1 一般要求

(1)桥面铺装施工前,检查梁板顶凿毛情况,凿毛不到位时应重新机械凿毛。凿毛后将顶面彻底清理干净。

(2)检查板顶剪力筋,将剪力筋调竖直,损坏或缺漏的要植筋补齐。

(3)桥面钢筋网应搭接牢固,并和梁板预埋剪力钢筋焊接。采用植筋法支垫钢筋网,以保证钢筋网上下保护层厚度。禁止混凝土运输罐车等车辆在钢筋上行走。

(4)混凝土桥面铺装必须采用振动梁,振动梁轨道要有足够的刚度,并配有平板振捣器和振捣棒。尽量减少施工缝,并保证平整度。

(5)浇筑前要洒水保持梁顶湿润且不积水。混凝土要连续浇筑,进行二次收浆,第二次要用钢抹子压光。

(6)混凝土收浆后终凝之前,禁止踩踏。养生期间严禁车辆通行。

(7)浇筑桥面混凝土时伸缩缝预留槽处必须支设模板。模板支设要顺直,稳固。

(8)应将轨道、模板外桥面铺装混凝土凿除。竖直泄水孔应用定型模具封堵,不得使用土袋等填塞。

(9)桥面铺装混凝土施工必须在体系转换后进行。

(10)桥面铺装施工高程应高出设计高程10mm,在混凝土强度达到设计强度标准值的100%后,采用机械凿毛至设计高程。除涵洞、通道外,所有桥梁的桥面铺装顶面均执行机械凿毛。

(11)在凿毛后沥青混凝土面层铺装前,应喷洒2mm以上($2kg/m^2$)的热改性沥青+同步碎石防水层,并严格按设计要求施作桥面防水层。

①防水层材料经检测合格后方可使用。

②防水层铺设前必须全面清理桥面。

③防水层应闭合铺设,特别是横桥向。应避免在雨天或低温下铺设。

④在防水层施工完毕后未达到规定的时间内,不得开放交通。

8.2.2 施工要点

(1)桥面钢筋应网搭接牢固,并和梁板预埋剪力钢筋焊接。采用植筋法支垫钢筋网,以保证钢筋网上下保护层厚度。

(2)严格控制振动梁轨道的高程,轨道应有足够的刚度,不能塌陷,以保证桥面的厚度。轨道外侧要采取有效措施进行封堵。轨道拆除后,将砂浆及松散混凝土彻底凿除。

(3)桥面铺装时,低洼处禁止用浮浆找平。

(4)浇筑结束后,及时用土工布覆盖,洒水养生且保证养生期。

(5)泄水管顶面应略低于混凝土铺装层表面,有利于沥青层间水的排除。泄水管安装应做好密封。

(6)桥面铺装时,应准备防风、雨、雪设施。

(7)桥面铺装混凝土施工必须在体系转换后进行。

8.3 防撞护栏

8.3.1 防撞护栏高程测量,以及护栏顶面高程控制。

8.3.2 护栏顶面必须进行压光处理。每次护栏模板拆除后,必须将护栏模板顶混凝土彻底清理打磨干净,保证再次使用时护栏顶面边角不会有飞边。

8.3.3 护栏钢筋必须和预埋钢筋有效焊接,并保证焊接质量。

8.3.4 选用专用的脱模剂,保证混凝土颜色均匀、表面光滑。

8.3.5 安装模板之前,应清理干净护栏范围内的松散混凝土。安装模板时注意预埋件、横向泄水槽及伸缩缝安装槽口的预留。

8.3.6 安装外侧模板宜使用轮式悬臂小门架,并做好临时固定。

8.3.7 混凝土必须至少分三层浇筑,人工布料,第一层不能超过变截面位置,曲面处应加强振捣,减少气泡发生。

8.3.8 混凝土养生采用土工布紧贴覆盖,洒水养生。

8.4 伸缩缝

8.4.1 一般要求

(1)采用反开槽安装伸缩装置。路面面层摊铺前,应用泡沫板、砂等材料封堵桥梁伸缩缝预留槽,砂浆抹面。禁止使用其他材料填塞预留槽。

(2)伸缩装置安装温度尽量与设计一致,伸缩装置安装时应在与安装温度温差 ±3℃ 范围内施工。当安装温度与设计温度相差超过 ±3℃ 时,应由厂家重新调整,禁止现场自行调整。

(3)伸缩装置应与预埋钢筋牢固焊接,必要时采用植筋焊接。禁止采用点焊。

(4)防撞护栏浇筑时,要给伸缩装置安装留有足够空间。

(5)伸缩缝施工模板必须保证其刚度。

(6)伸缩缝顶面应低于沥青顶面 1 ~ 2mm。

8.4.2 施工要点

(1)伸缩缝开槽应弹线切割顺直,宽度必须确保沥青层不悬空。

(2)伸缩装置要与预埋筋有效焊接,禁止采用点焊,并保证预埋钢筋直立,必要时采用植筋焊接。禁止将梁板端伸缩缝预埋筋预埋在桥面铺装层中,如图 7-8-2 所示。

图 7-8-2 桥梁伸缩缝施工

(3)安装模板,必须保证模板刚度,防止胀模。

(4)浇筑混凝土前拆除锁定,混凝土表面压光,采用刻纹机横桥向刻纹。

(5)及时安装橡胶密封条。

(6)严格控制检查伸缩缝安装温度。伸缩缝施工执行监理旁站制度。

(7)伸缩缝施工必须执行“四专”(专业的施工队伍、专门的施工设备、专门的技术人员和专门的监理人员)。

(8)伸缩缝施工完毕后,安装伸缩缝处的护栏钢板,用防腐漆处理后,再涂刷一层与混凝土护栏基本一致的灰色漆。

8.5　桥梁附属工程常见质量通病的预防

8.5.1　板式支座

1）支座脱空预防措施

（1）加强高程计算，严格控制垫石制作时的高程。

（2）梁板预制时预留支座马蹄部分要保证准确。

（3）梁板安装后，逐个检查支座情况，发现支座脱空，吊起重新安装。必要时在支座底夹垫一层相应厚度的经防腐处理的钢板。

2）支座剪切破坏预防措施

（1）聚四氟乙烯板面向上，清理干净，储油槽内涂满硅脂油。

（2）表面安装光洁度满足要求的不锈钢板，保证安装位置的准确性。

（3）安装防尘罩。保证梁体自由滑动。

（4）严格按照安装时的温度进行安装，防止聚四氟乙烯板滑出不锈钢板。

3）支座与梁体、垫石不密贴或偏压预防措施

（1）梁底承托表面必须平整、水平。

（2）支座垫石顶面必须保证平整、水平。

（3）钢板必须加垫在支座下。不得用砂浆、水泥浆等材料找平。

8.5.2　盆式橡胶支座

应采取位移超限预防措施。计算实际安装温度与设计安装温度时上滑板与支座的相对位置偏差，支座安装时，调整位置，锁定。安装完成后及时打开约束。

8.5.3　桥面铺装

1）桥面铺装厚度不合格预防措施

（1）严格控制预制梁板的高度，控制在高度的下限。安装时，检查每一片梁的安装高程，避免积累误差。

（2）张拉后梁板预拱度过大时，必须查明原因再进行预制张拉。由于工序衔接不紧密，不能在预定期限内完成体系转换时，必须对梁板进行预压。

（3）严格控制振捣梁的轨道高程和安装的牢固度。

（4）严格控制振捣梁的预拱度和刚度。

2）桥面裂缝预防措施

（1）梁顶浮浆应清除干净，以保证梁板与桥面铺装的结合。采用植筋法支垫钢筋网，以保证钢筋网上下保护层厚度。

（2）严格控制盖梁垫石高程，以保证桥面铺装层的厚度。

（3）水泥混凝土桥面铺装施工完成后必须及时用土工布覆盖，洒水养生。

（4）避开高温施工，采用二次收浆、压光施工工艺。

（5）浇筑施工时，必须配备防风、雨、雪设施及遮阳棚。

第八部分　交通安全设施施工标准化

1 总　　则

1.1 目的和适用范围

1.1.1 目的

为提高我国公路施工中的安全水平,减少施工事故的发生,规范干线公路工程施工,提高管理水平,保证施工过程安全,结合邯郸市干线公路施工的实际情况,编写本指南。

1.1.2 适用范围

本指南适用于邯郸市干线公路建设项目。

1.2 编制依据

1.2.1 国家、交通运输主管部门发布的与工地建设、公路工程施工有关的法律法规及相关文件、标准、规范、规程和指南。

1.2.2 河北省颁布施行的有关施工管理的规定。

1.2.3 行业内通行的先进施工工艺和管理办法。

1.3 主要内容

本指南共分7章,分别为总则,施工准备,交通标志,交通标线、突起路标,护栏,隔离栅,视线诱导设施。

2 施工准备

2.1 一般要求

2.1.1 在交通安全设施开工前,应对施工现场的地质地基情况、水文气象条件等进行勘察,施工单位技术人员在全面理解设计要求和做好设计技术交底的基础上,根据设计要求、合同文件和现场的实际情况,编制切实可行的实施性施工组织设计,并按规定报批。

2.1.2 在开工前,必须建立健全质量、环保、安全管理体系和质量检测体系,并细化到各施工工点;对各类施工班组、施工人员进行岗前培训和技术、安全等交底。

2.1.3 按计划安排组织各工种的技术人员、施工队、机械设备进场,并满足工程实际需要。

2.1.4 根据主体工程的施工进度,合理安排工点施工,避免交叉干扰和交叉污染。

2.1.5 根据施工现场情况,设立相应的噪声隔离设施,避免噪声污染。

2.1.6 确保外供电力的供应畅通,同时应急电力设施应配备齐全。

2.1.7 交通安全设施产品按照相关规定进行试验检测,并经工地检验确认满足设计要求后,方可使用。

2.1.8 改扩建道路不断交施工时应遵循:

(1)及时与交管部门及公路路政管理部门取得联系,制定详细的现场交通管理方案。

(2)根据施工路段的交通流情况,制定详细的施工方案,合理安排施工计划,确定交通管制路段长度。

(3)由交管部门和公路路政管理部门根据施工路段的交通流情况,合理确定施工区限速等交通管制措施。

(4)施工时,应通过公路路政管理部门利用公路可变情报板等手段发布道路施工消息,提醒过路车辆注意施工情况。

(5)用于道路施工交通维护的交通安全标志应准备充分。

2.2 人员组织

2.2.1 按计划安排组织施工人员进场,并满足工程实际需要。

2.2.2 根据合同工期,合理安排施工队陆续进场。施工队伍的特殊工种作业人员,必须具有安检部门颁发的特种作业许可证。

2.2.3 施工单位应及时统计劳务人员基本信息,及时与工程所在地公安机关、劳动部门沟通办理相关手续。

2.2.4 应适时组织对劳务人员进行安全教育,按时给劳务人员发放劳保用品。

2.2.5 采取切实有效的办法按时对劳务人员工资进行结算,不准拖欠农民工工资。施工单位负直接责任,项目建设单位或现场执行机构(以下统称项目建设单位)负监管责任。

2.2.6 各施工工点管理组织机构框图如图 8-2-1 所示。

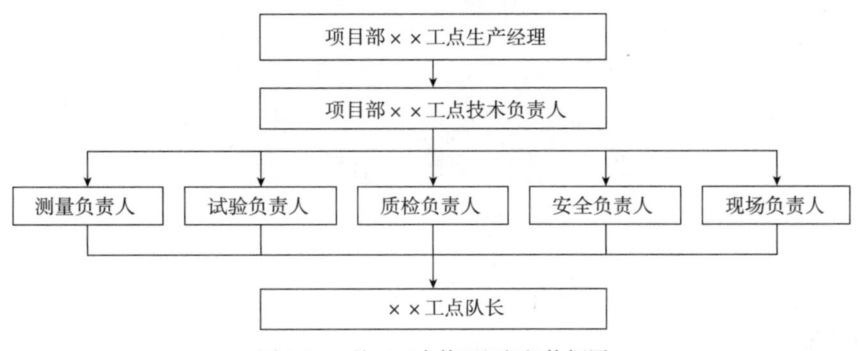

图 8-2-1　施工工点管理组织机构框图

2.3　技术准备

2.3.1　开工前,施工单位将现场调查和核对的情况在接管工地 14d 之内通知监理工程师,然后根据监理工程师提供的测设资料和测量标志,在 28d 内将复测结果提交给监理工程师。

2.3.2　经过复核,对存在异议的设计,施工单位应及时向监理工程师反映,监理工程师与设计代表一并协调解决。

2.3.3　施工组织设计宜包括以下内容:编制说明、施工组织机构、施工平面布置图、施工方法、资源计划、总进度计划和进度图、质量管理、安全生产、环境保护等。

2.3.4　交通安全设施所用钢质材料,必须进行防腐处理。

2.3.5　所有进场材料应具有产品合格证书,并应进行抽样检查。

2.3.6　所有交通安全设施工程施工前,均应执行首件工程样板制度。

2.4　材料准备

2.4.1　交通安全设施所用主要材料应进行“甲控”。项目建设单位、监理及施工单位共同考察落实所用材料的供货单位。有条件时,可进行“甲供”。

2.4.2　所有材料进场后经检测验收后方可使用。必要时,执行见证取样制度,进行外委试验检测。

2.4.3　施工单位应及早进行水泥混凝土(砂浆)配合比设计,监理单位进行平行验证试验并审批。

2.4.4　施工单位应提前落实混凝土拌和供应方式:使用商品混凝土必须经项目建设单位批准;自拌混凝土必须采用带有自动计量设备的拌和设备集中拌和,采用混凝土搅拌运输车运输。提倡优先选用主体工程既有的混凝土拌和设备。混凝土拌和执行监理旁站制度。

3 交通标志

3.1 施工准备

3.1.1 确定标志的设置位置,考虑标志的易识别性。

3.1.2 明确道路的几何线形、交通流量、流向和交通组成、道路沿线设施等对标志设置位置的影响。

3.1.3 有关技术文件和施工方案编制已完成并经审核批准。

3.1.4 施工技术人员与工人全部到位,并进行技术交底,明确质量、安全文明、工期、环保等要求。

3.2 施工工序

3.2.1 测量放样、基础开挖

施工前,先由测量员按照交通标志的设计桩号定出具体位置,用石灰线标出拟开挖的范围,并用水准仪测出高程,根据测出的高程和基础设计高程计算出拟开挖基坑的深度,基坑开挖尺寸应稍大于基础的尺寸,但不宜过大。最后清理基坑,并报监理工程师验收,合格后可进入下一工序。

3.2.2 基础浇筑

(1)严格按设计要求进行基础钢筋的加工和安装。基础预埋件应预先作热浸镀锌处理,并在混凝土浇筑过程中安装预埋件。

(2)模板安装要稳固,避免在混凝土浇筑中发生跑模现象,外露部分须采用钢模板。

(3)混凝土严格按施工配合比进行配料,搅拌要均匀、充分。

(4)混凝土分层浇筑。最后一层混凝土待预埋螺栓进行精确校正合格后再进行浇筑。混凝土振捣要密实,不得有明显的蜂窝和麻面的情况出现。

(5)基础混凝土浇筑须在沥青面层施工前完成,以免污染路面;基础混凝土浇筑完成后,采用干净的无纺土工布覆盖并洒水养生,养生时间不少于7d。

(6)拆模回填土,并进行压实处理。

(7)基础施工完成后,应及时对受破坏的路基边坡、防护及排水等设施进行修复。

3.2.3 标志板加工

(1)标志板在车间剪裁或切割,以使板边缘整齐、方正,无毛刺,且标志板面一律做折边处理。

(2)除尺寸大的指路标志外,所有标志板应由单块铝合金板加工制成,不允许拼接;大型板面的拼接,须采用对接,接缝间隙不大于1mm。所有接缝均用龙骨(与板面同材料)加强。

(3)标志板和龙骨之间采用铝合金铆钉连接,连接必须牢固。

(4)完工后的标志板面应无裂缝或其他表面缺陷;板边缘整齐、光滑;外边尺寸及偏差必须符合设计要求。

(5)粘贴反光膜前应对标志板面进行磨面和清洗处理,清除表面杂质、浮尘,清洁后的铝合金标志板面应放在阳光下晒干,以去除板面及拼缝中的潮气。

(6)贴膜前一个月应做出标志板面上的图案、字符的平面布设样品并制作标准试样提交监理工程师审批,经同意后再粘贴反光膜。

(7)贴膜车间的温度、湿度的控制都必须符合粘贴反光膜的施工要求。按照先下后上、顺序搭接的施工工艺粘贴反光膜(底膜),并确保底膜粘贴牢固,标志板面平整,无气泡、皱痕、污损等。

(8)粘贴底膜的工序结束后,必须经车间检验员检验,合格后方可粘贴字膜。粘贴字膜、图案前必须按照设计要求,在底膜上打格放样,并确认放样正确后,方可采用转移膜粘贴字膜、图案。

(9)反光膜应尽可能减少拼接,必须拼接时,采用搭接接缝,横向不宜有拼接,竖向拼接时,上膜须压接下膜,搭接处要有5~10mm的重叠部分。距标志板边缘5cm内,不得有拼接。反光膜伸出板面上、下边缘最小长度为8mm,且紧密粘贴在上、下边缘上。行人过街交通标志如图8-3-1所示。

图8-3-1　行人过街交通标志

(10)制作完成后将标志板储存在干净、干燥的室内。

3.2.4　交通标志安装

(1)经监理工程师同意后,方可安装标志。

(2)标志板运输要求两块标志板邻接面之间用衬垫材料分隔,以免磨损标志板面。

(3)支撑结构的架设必须在基础混凝土强度达到要求后方可进行。

(4)标志安装过程以高空吊车为主。标志的紧固方法必须符合设计图纸要求。

(5)标志安装角度须符合设计图纸要求。

3.3　施工质量

3.3.1　基本要求

(1)安装完成后的标志板面应无任何裂纹和划痕以及明显的颜色不均,在任何一处面积为0.25m^2表面上不得有一个或一个以上总面积大于10mm^2的气泡。

(2)标志制作应符合《道路交通标志和标线　第2部分:道路交通标志》(GB 5768.2—2009)和《道路交通标志板及支撑件》(GB/T 23827—2009)的规定。标志板的外形尺寸偏差不大于±5mm;四边互相垂直,平面翘曲度不大于±1°,垂直度偏差不大于±3mm/m。

3.3.2　检查项目

交通标志规定值或允许偏差参考《公路工程质量检验评定标准　第一册　土建工程》(JTG F80/1—2004)的规定。

3.3.3　外观要求

(1)金属构件镀锌面不得有划痕、擦伤等损伤,不允许漏镀、露铁等缺陷。

(2)标志板面不得有划痕、较大气泡和颜色不均等表面缺陷。

4 交通标线、突起路标

4.1 施工准备

4.1.1 审核设计文件,对施工班组进行技术交底。

4.1.2 设备进场到位,并调试完毕,随时可以施工。

4.1.3 材料进场到位,并经检验合格。

4.1.4 交通路标、警告标志等准备到位。

4.2 交通标线施工

4.2.1 施工工艺如图 8-4-1 所示。

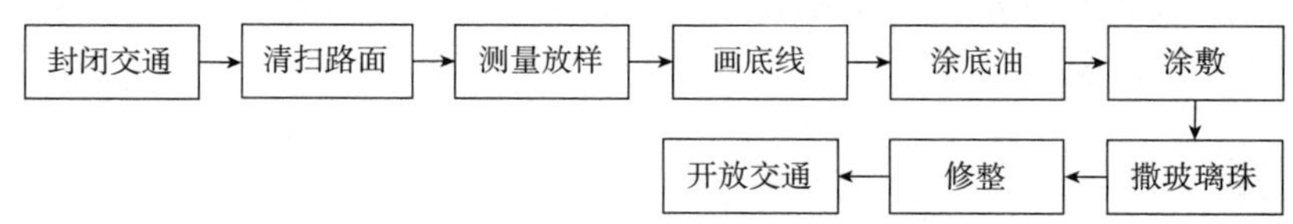

图 8-4-1 交通标线施工工艺

4.2.2 在喷涂路面标线前,应将道路表面的污物、灰尘、松散的颗粒和其他杂物清除干净,使路面干燥,以符合施工要求。

4.2.3 精确放样,并画出底线,线形与道路线形一致。

4.2.4 为提高路面与涂膜之间的黏结力,须在路面上先涂热熔型专用黏结剂,黏结剂均匀地涂于所弹线的右侧。

4.2.5 应将热熔型标线涂料装入热熔釜中均匀加热,搅拌涂料至一定的温度,然后装入画线车中。使用与划线机一体的撒布器在涂敷之后,随即撒布玻璃微珠。

4.2.6 喷涂工作一般在白天进行,路面潮湿,灰尘过多,风速过大或温度低于 10℃时,喷涂路面标线工作应暂停施工。

4.2.7 喷涂标线时应匀速、连续,确保涂膜厚度均匀、整齐。施工时,标线起终点应粘贴胶带纸。

4.2.8 去除溢出和垂落的涂膜,对不符合要求的标线进行修整,检查厚度、尺寸、玻璃微珠的撒布情况,收集四处散落的玻璃微珠。

4.3 突起路标施工

4.3.1 施工工艺如图 8-4-2 所示。

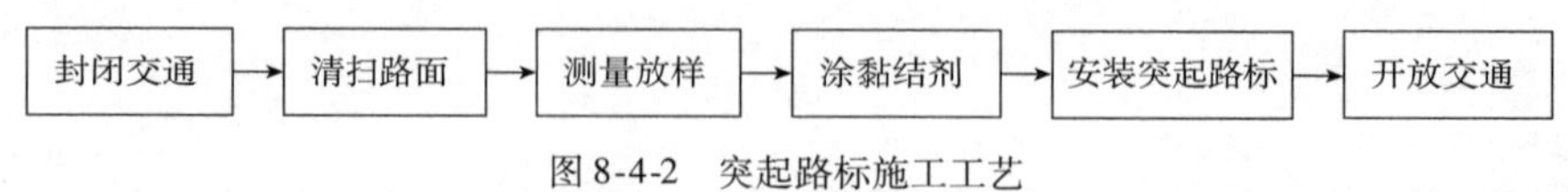

图 8-4-2 突起路标施工工艺

4.3.2 粘贴时路面面层应干燥清洁、无杂质,路面潮湿,灰尘过多,风速过大或温度过低时,不得进行粘贴。

4.3.3 突起路标粘贴在两侧路缘带上,距离车行道边缘线 20mm。粘贴突起路标处不得划熔融标线。

4.3.4　将环氧树脂等黏结剂均匀涂敷于突起路标的底部，涂敷厚度约为 8mm，黏结剂凝固前不得扰动。

4.3.5　在水泥混凝土路面设置突起路标时，先用硬刷和 10% 盐酸溶液洗刷混凝土表面，然后用清水洗干净待路面清洁干燥后安装突起路标。

4.3.6　突起路标设置高度，顶部不得高出路面 25mm。

4.4　施工质量

4.4.1　基本要求

(1)所有路面标线的设置、颜色、形状，应符合设计和《道路交通标志和标线　第 3 部分：道路交通标线》(GB 5768.3—2009)标准的规定。

(2)突起路标所用的粘贴剂品种、粘贴厚度应符合设计或规范要求；反光材料粘贴牢固，表面无缺损或断裂现象，如图 8-4-3 所示。

图 8-4-3　反光突起路标

4.4.2　检查项目

交通标线规定值或允许偏差参考《公路工程质量检验评定标准　第一册　土建工程》(JTG F80/1—2004)的规定。

4.4.3　外观要求

(1)路面标线以外的路面，应保持清洁，不得被标线材料污染；当某处污染面积超过 0.001m^2时，应进行清除，路面要修补。

(2)热涂后的标线，边缘无毛边；毛边长度每公里超过 1% 时，应进行清除和修补。

(3)标线应顺直或圆顺、流畅，与道路线形相协调，不允许出现折线，不符合要求时，应清除和修补。

(4)标线表面不得出现网状裂缝、断裂裂缝及起泡、露黑现象。

5 护　　栏

5.1 施工准备

5.1.1 人员准备：建立有效的组织管理机构，配备精干的管理人员，合理配置施工班组，合理配置劳动力。

5.1.2 材料情况：根据工程进度需要，制定合理的材料进场计划。钢护栏产品必须有合格证，经验收合格后方可用于施工。钢筋、水泥、砂、碎石等材料均已到场并通过检验。

5.1.3 设备情况：根据工程需要组织机械设备到位。

5.2 波形梁护栏施工

5.2.1 施工工艺如图 8-5-1 所示。

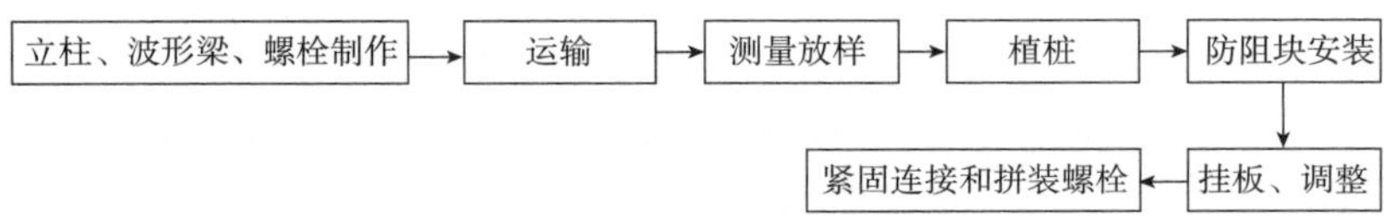

图 8-5-1　波形梁护栏施工工艺

5.2.2 原材料进场按《公路土工试验规程》(JTG E40—2007)规定频率抽检，合格后方可使用。

5.2.3 运输：立柱、护栏板、螺栓等在工厂内制作完毕后，运至施工现场安装。在运输过程中，应做好成品的保护工作。

5.2.4 采用液压式打桩机组平行推进施工法，将立柱对准标记打入，打入时随时观测立柱高度、竖直度的变化，发现问题及时修正，严防偏移、跑位和打入过深，使立柱竖直度偏差控制在 ±3mm/m 以内，立柱孔位中心高度偏差控制在 ±20mm/m以内。打入立柱时，注意顶部无塌边、变形、开裂或镀锌层损坏等现象。同时，要求液压打桩机底部应挂帆布或彩条布，以免漏油污染沥青面层，如图 8-5-2所示。

图 8-5-2　波形梁护栏安装图片

5.2.5 埋入式立柱施工时，按照设计要求开挖基坑、加工、安装基础钢筋，然后用混凝土进行立柱埋设浇筑，混凝土搅拌应严格按配合比施工，搅拌应充分，振捣密实。混凝土集中拌和，用混凝土运输车运输至施工现场，完成混凝土浇筑后，洒水养生。待水泥混凝土强度达到70% 时，方可进行立柱和波形梁板安装。

5.2.6　预埋基础施工时，预埋套筒底部先涂一层沥青，立柱直接埋设在预埋套筒中，浇筑混凝土振捣，顶面再涂一层沥青，注意立柱高度和线形。采用法兰盘基础时，应确保预埋件位置准确，安装立柱时，应把法兰盘和地脚螺栓、螺母清理干净。

5.2.7　施工中立柱在纵向和横向都应垂直竖立，间距应准确，使在架设护栏时无需为对孔或其他任何原因而移动。用经纬仪、水平仪等检测工具对立柱中距、竖直度、高度、线形进行调整、检测，对不符合标准的立柱，用拔桩机拔去，调整立柱间距后重新打入施工。

5.2.8　立柱准确定位后安装防阻块，安装应符合设计要求，且不得有明显变形、扭转、倾斜。

5.2.9　波形梁板安装应顺行车方向拼接，其顶面应与道路竖曲线相协调，连接螺栓及拼接螺栓应待线形平顺后再拧紧，以利于波形梁的调整。同时，要求中央分隔带波形护栏应在中面层施工前完成，以避免施工车辆横穿中央分隔带而污染沥青路面。

5.2.10　波形梁调整时梁板及立柱不得现场焊割或钻孔，也不得通过使防阻块明显变形来调整。

5.2.11　现浇护栏要求在沥青面层施工前完成。

5.3　施工质量

5.3.1　基本要求

(1)护栏线形应与道路线形相协调，线形圆滑顺畅，不得有明显的凹凸和起伏现象。

(2)钢护栏构件镀锌、镀塑必须符合国家标准的要求，且表面色泽均匀、光滑、连续；护栏立柱垂直度应不超过±3mm/m。

5.3.2　检查项目

波形梁钢护栏规定值或允许偏差见《公路工程质量检验评定标准　第一册　土建工程》(JTG F80/1—2004)的规定。

5.3.3　外观要求

(1)焊接钢管的焊缝应平整，无焊渣、突起；镀锌表面不得有流挂、滴瘤或多余结块、无漏镀、漏铁、插痕等缺陷。

(2)立柱及柱帽应安装牢固，顶部应无明显塌边、变形、开裂等缺陷。

6 隔　离　栅

6.1　施工准备

6.1.1　平整预制场地,接通水、电等基本条件。

6.1.2　合理配置施工班组,合理配置劳动力。

6.1.3　根据工程进度需要,制定合理的材料需求量计划,并组织材料采购,按规定地点和指定方式进场堆放。做好材料进场的试验工作。

6.1.4　设备提前进场,并在开工前做好安装调试工作。

6.2　施工要点

6.2.1　立柱

(1)隔离栅宜尽早实施。每个柱位均应按设计文件的要求确定高程,可根据实际地形进行调整。

(2)在放样和定位工作完成的基础上,根据设计文件的要求开挖基坑或钻孔,挖钻深度应符合设计要求。

(3)立柱混凝土基础现场浇筑时,开挖基坑必须满足设计尺寸要求。立柱放入基坑内正确就位后,用临时支撑固定立柱,用靠尺量其垂直度,用卷尺量其高度,在确认符合要求后,再进行混凝土的浇筑。

(4)预制混凝土基础应集中预制,也可将立柱与混凝土基础制作成整体结构,现场直接安装到位。

(5)应严格检查立柱就位后的垂直度和立柱高程,以保证网片安装的质量和隔离栅安装完毕后的整体美观效果。

(6)对预制的混凝土立柱和基础,在运输及装卸时应避免立柱折断或摔坏边角。装车时,堆放不宜超过五层。预制块不得从边坡抛扔,不得在路面上存放。

6.2.2　隔离栅

基础混凝土强度达到设计强度的70%以后,可安装隔离栅网片。

图8-6-1　隔离栅施工

(1)无框架卷网安装时,应从端头立柱开始,先将金属网在立柱挂钩上扣牢,然后沿纵向展开,边铺设边拉紧。展网要求自如,挂钩时保证网不变形。整网铺设可在地势较平坦的路段施工,端柱需加斜撑加固,如图8-6-1所示。

(2)带框架的片网一般要求在工厂集中制作完成。有框架的片网安装后要求网面平整、无明显的凹凸现象,立柱间距正确,框架与立柱连接牢固,框架整体平顺、美观。

(3)刺钢丝安装时应从端头立柱开始,刺钢丝之间要求平行、平直,绷紧后可用12号铁丝与混凝土立柱或钢立柱上的钢钩绑扎固定,横向与斜向刺钢丝相交处用12号铁丝绑扎牢固。

(4)隔离栅网片安装完毕后,立柱基础周围均应进行最后压实处理,并恢复原貌。

(5)在高压输电线穿越安装隔离栅的地方时,隔离栅应按电力部门的规定接上地线。

7 视线诱导设施

7.1 施工准备

7.1.1 在施工安装前,应对全线诱导设施的埋设条件、位置、数量进行核对,并作详细的施工组织设计。

7.1.2 反射器、柱体、支架、连接件质量应满足设计或规范要求,施工前及时到位。

7.1.3 基础混凝土用的水泥、砂、碎石、钢筋等各项原材料质量应满足设计或规范要求,并根据施工进展情况及时到位。

7.1.4 劳动组织合理,安排专业化班组进行施工。

7.1.5 水、电、道路等作业条件满足施工需要。

7.2 柱式轮廓标施工

7.2.1 测量放样、开挖基础

施工前,根据设计间距要求,定出具体位置,用石灰线作标记。按照设计尺寸要求开挖基坑,并清理干净。

7.2.2 柱体加工

轮廓标的柱体应在交通部门鉴定合格的生产厂家集中加工制作,并运输至现场安装。加工质量应符合国家标准的规定。

7.2.3 柱体的安装

轮廓标的柱体应采用装配式,直接插入预留孔中,或者采用法兰盘连接,也可采用现浇混凝土基础。安装过程中应注意以下几点:

(1)设置高度(指反射器的中心高度)应与附着式轮廓标的高度大致相同。

(2)轮廓标反射器的安装角度,无论在直线段或者在曲线上,应尽可能与司机视线方向垂直。

(3)反射器与柱体或者支架之间应黏结牢固,以免脱落。

(4)柱体应垂直于地平面,三角形柱体的顶面平分线应垂直于道路中心线。

(5)柱式轮廓标应于路面施工完成后进行。

7.3 附着式轮廓标、线形诱导标施工

7.3.1 放样

根据设计间距要求,定出具体位置,并作标记。

7.3.2 轮廓标安装

(1)附着波形梁上的轮廓标,由反射器、支架、连接件组成。

①根据建筑物的种类及埋置的部位采用不同形状的轮廓标和不同的连接方式。

②轮廓标应附着于波形梁护栏中间的槽内时,反射器为梯形,与后底板铆接在一起,其后底板固定在护栏与立柱的连接螺栓上,且不能采用气割孔进行螺栓固定。

③后底板应做成一定的角度,角度的大小以保证汽车前照灯光能大致与其保持垂直为原则。

(2)附着于混凝土护栏上的轮廓标,应按设计高度、间距要求先做好标记,后用电钻打孔,采用膨胀螺栓将支架固定。打孔时不得损坏混凝土结构物。

(3)附着于护栏上的线形诱导标,由反射器、底板、立柱和连接件组成,立柱通过抱箍与护栏柱连接固定。面板应与驾驶员视线尽量垂直,安装高度应满足设计要求,安装过程中应保持面板的平整度。

7.4 施工质量

7.4.1 基本要求

(1)反射器的光学性能在入射角为0°~20°范围内应保持稳定,安装角度须正确,颜色与设计相符,反光材料表面无缺损或断裂现象。

(2)视线诱导标的图形、符号及材质、几何尺寸应符合设计及规范规定,板面应平整,垂直度超过±3mm/m不得使用,如图8-7-1所示。

图8-7-1 视线诱导标

(3)立柱式视线诱导标的基础混凝土强度、几何尺寸应符合设计及规范规定。

(4)安装前检验反射器、板材、型材、管材的产品质量合格证,不合格者不得使用。

(5)视线诱导标的粘贴剂品种、粘贴厚度及其工艺应符合设计及规范要求。

7.4.2 外观要求

(1)轮廓标不应有明显的划伤、裂纹、损边、掉角等缺陷。表面应平整光滑,无明显凹痕或变形。

(2)防锈层不得有气泡、擦伤、痕迹等表面缺陷。

第九部分　绿化工程施工标准化

1 总　　则

1.1 目的及适用范围

1.1.1 目的

为规范邯郸市干线公路建设管理,严格执行法律法规和技术标准规范,进一步规范绿化工程的各项操作,实现邯郸市干线公路绿化工程施工标准化,促进邯郸市干线公路绿化工程的施工质量再上一个新台阶,特制定本指南。

1.1.2 适用范围

本指南适用于邯郸市干线公路建设项目。

1.2 编制依据

1.2.1 国家、交通运输主管部门发布的与工地建设、公路工程施工有关的法律法规及相关文件、标准、规范、规程和指南。

1.2.2 《关于开展高速公路施工标准化活动的通知》(交公路发〔2011〕70 号)。

1.2.3 《公路桥涵施工技术规范》(JTG/T F50—2011)。

1.2.4 《公路工程质量检验评定标准　第一册 土建工程》(JTG F80/1—2004)。

1.2.5 《公路工程施工安全管理手册》。

1.2.6 《公路工程施工监理规范》(JTG G10—2006)。

1.2.7 《中华人民共和国环境保护法》。

1.3 主要内容

本指南共分 5 章,分别为总则,组织机构及人员配备,铺设表土,铺植草皮,乔木、灌木和攀缘植物。

2 组织机构及人员配备

2.1 组织机构

组织机构如图 9-2-1 所示。

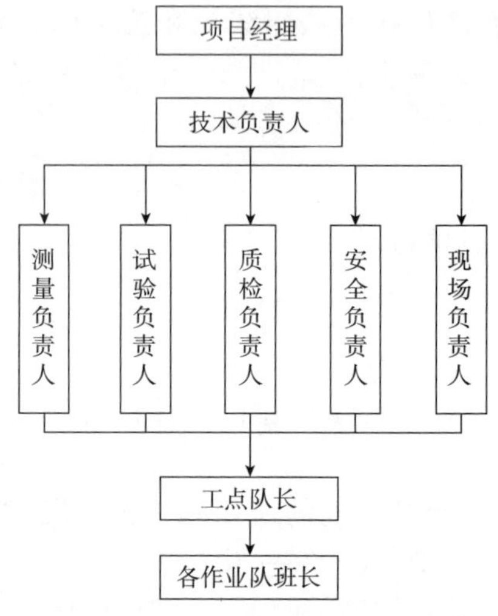

图 9-2-1 组织机构图

2.2 人员配备

可视工程进展和实际情况配备,但必须满足合同要求及工程实际需要。

3 铺设表土

3.1 一般规定

表土应为符合要求的种植土，铺设表土平整，厚度、排水应符合设计要求。

3.2 施工准备

3.2.1 施工前调查土源和土质，土质应为符合要求的种植土；土质条件差时可采取相应的消毒、施肥和客土等措施改良土质，以满足种植要求；铺设表土应平整，厚度、排水应符合设计要求。

3.2.2 施工前调查边坡坡度和铺筑厚度，了解设计种植物种。

3.3 施工要点

3.3.1 施工单位应确定挖取的表土以及恢复该地区的安排，采集地在用地界外应经有关机构批准。

3.3.2 地表面的准备。

(1)覆盖表土范围的地表面，应进行深翻，将土块打碎使其成为均匀的种植土，不能打碎的土块，大于25mm的砾石、树根、树桩和其他垃圾应清除并运到监理工程师同意的地点废弃。

(2)通过翻松、加填或挖除以保持地表面的平整。

3.3.3 铺设。

(1)准备工作完成后，应即铺设表土，当表土过分潮湿或不利于铺设时，严禁铺设，表土铺设完成后，其表面高程应比路缘石、集水井、人行道、车行道或其他类似结构低25mm。

(2)表土铺设达到要求厚度后，其完成的工程应符合图纸所要求的线形、坡度、边坡。

3.4 质量要求

3.4.1 表土质量应为松散的、具有透水作用并含有有机物质的土壤，能助长植物生长，不应含有盐、碱土，且无有害物质以及大于25mm的石块、棍棒、垃圾等。

3.4.2 表土铺设厚度除满足设计要求外还应符合表9-3-1的要求。

植物生长的最小土层厚度 表9-3-1

植物种类	植物生长的最小土层厚度(m)	植物种类	植物生长的最小土层厚度(m)
草本花卉	0.30	小灌木	0.45
大灌木	0.60	浅根乔木	0.90
深根乔木	1.50		

4 铺植草皮

4.1 一般规定

4.1.1 草皮应为符合设计要求的品种,整体图案美观。

4.1.2 草皮应无枯黄、无明显病虫害、连续空白。

4.2 施工准备

4.2.1 全面了解铺植草皮品种。

4.2.2 做好机铺植草皮机具和材料的准备工作。

4.3 施工要点

4.3.1 选择草皮

应选择适合于当地气候条件、易于生长,同时具有耐旱、耐涝、容易生长、蔓面大、根部发达、茎低矮强壮和多年生长特性的草种。

4.3.2 场地准备

(1)施工单位须按绿化工程布置的图纸标出种植地段、种植位置及品种的轮廓,并进行放样。

(2)种植场地须修整到设计的线形和坡度,并具有舒顺的外形,清除场地中所有大土块、石块、硬土及其他杂物和不适于种植的材料。

(3)在铺植时,先在场地内铺设30mm厚符合要求的表土。

4.3.3 草皮验收

(1)施工单位应在铺植工作前提供有关草皮供应来源的全部资料。

(2)草皮应符合设计要求,并符合现行关于植物病害及虫传染检疫的法规的要求,须提供必要的全部检疫证明。

4.3.4 草皮铺植

在铺植地表的准备工作完成以后,即可铺植草皮,铺草皮时,除平铺外,在边坡较高较陡之处也可铺植,即自坡脚处向上钉铺,用小尖木桩或竹签将草皮钉固于边坡上,铺植的形式,按图纸要求进行。

4.3.5 草皮养护

铺植后应进行喷灌浇水养护,并对草皮进行拍打,养护初期应让草皮保持湿润状态,根据天气情况控制浇水量,结合浇水进行病虫害的防治和生长期追肥,使其顺利进入生长旺盛期,在草皮成坪、苗木生长正常后(大约三个月后)逐渐减少浇水次数,锻炼植物的适应能力,但在一年内尤其在旱季要视天气情况对其进行定期护理,逐步进入自然生长状态。

4.4 质量要求

4.4.1 绿地草坪应符合设计要求,整体图案美观。

4.4.2 草坪应无杂草、无枯黄、无明显病虫害，无连续 0.5m^2 以上空白面积。

4.4.3 草坪应整洁，表面应平整，微地形整理应符合设计要求，不应有明显集水区。

4.4.4 草坪成活率应大于等于 95%。

5 乔木、灌木和攀缘植物

5.1 一般规定

5.1.1 种植植物品种宜选用适宜当地气候和地质条件的本土植物为主。

5.1.2 所有植物应考虑公路沿线地区特点，选择适合于当地气候条件、易于生长并有丰满干枝体系和茁壮的根系的植物。植物应无缺损树节、擦破树皮、受风冻伤害或其他损伤，植物外观应显示出正常健康状态，能承受上部及根部适当的修剪，所有植物应在苗圃采集。

5.1.3 乔木应具有挺直的树干，良好发育的枝杈，根据其自然习性对称生长。

5.1.4 运到现场的乔木高度应符合图纸要求，其胸径（树高出地面1.3m处）应不小于30mm。

5.1.5 不允许采用代替品种，若在承包期内的正常种植季节采集不到规定的植物，经监理工程师同意后，允许种植代替品种。

5.1.6 各类植物应在公路所经当地的最适宜的季节进行种植，除非图纸上另有标明或监理工程师指示，土壤条件不适合时不应种植。

5.2 施工准备

5.2.1 全面了解乔木、灌木和攀缘植物品种。

5.2.2 做好乔木、灌木和攀缘植物的机具和材料的准备。

5.2.3 做好乔木、灌木和攀缘植物的技术交底工作。

5.3 施工要点

5.3.1 植物运送

（1）在运出植物前，由园艺人员按起苗、调运等技术要求负责将植物挖出、包扎、打捆，以备运输；任何时候，植物根系应保持潮湿、防冻、防止过热。落叶树在裸根情况下运输时，应将根部包涂黏土浆，使根的全部带有泥土，然后包装在稻草袋内。所有常青树及灌木的根部，均连同掘出的土球用草袋包装。运到工地及种植前，这些土球应结实，草包应完好，树冠应仔细捆扎以防止枝杈折断。

（2）植物以单株、成捆或容器内装有一株或多株植物运到工地时，均应分别系有清楚的标签，标明植物名称、尺寸、树龄或其他详细资料。当不能对各单株植物分别标明时，标签内须说明成捆、成包以及容器内的各种规格植物的数量。

5.3.2 储存和保护

（1）运到工地后一天内种不完的植物，应存放在阴凉潮湿处，以防日晒风吹，或暂进行假植。

（2）裸根树种应将包打开，放在沟内，根部暂盖壅土，并保持湿润。

（3）带有土球及草袋包装的植物，应用土、稻草或其他适当材料加以保护，并保持土、稻草等潮湿，以防根系干燥。

5.3.3 种植准备

（1）施工单位应按绿化工程布置的图纸标出种植地段、种植位置及苗木品种和规格，并进行放样，在种植之前这些布置应得到监理单位的检查认可。

(2)种植地段应修整到符合监理单位指示的线形和坡度,并具有舒顺的外形。在种植中所有大土块、石块、硬土及其他杂物和不适于种植的材料,均应由施工单位自工地移走。

(3)在种植时,先在坑底松填约150mm厚的表土。

5.3.4 刨坑

(1)刨坑刨槽的规格要求:刨坑刨槽位置应准确,坑径应根据根系、土球大小及土质情况而定,刨坑刨槽应直上直下成桶形,不得上大下小或上小下大,以免造成窝根或填土不实;坑径一般可比植物的根系或土球直径大0.2~0.3m,具体应符合规范和设计要求;如遇土质过黏、过硬或含有有害物质如石灰、沥青等,则应适当加大坑径。

(2)刨坑的操作。

①刨坑时应以所定位置为中心,按规定坑径划一圆圈作为刨坑的范围。

②挖坑的坑壁应随挖随修使其成直上直下形状,不要成锅底形。

③刨坑时如发现地下管道、电缆等地下设施应停止操作,并及时向监理单位报告,请示处理办法。

④在斜坡处挖坑应先做成一平台,平台大小应以坑径最低规格为依据,做成后在平台上再挖坑。

⑤在土层干燥地区应于种植前浸穴。

⑥挖穴、槽后,应施腐熟的有机肥作为基肥。

5.3.5 栽植

(1)修剪工作对高大乔木应在散苗前后进行,即在栽植前进行,高度3m以下无明显主尖的乔木和灌木为了保证栽后高矮一致、整齐美观,可在栽植后修剪,疏剪的剪口应与树干平齐不留枯橛以免影响愈合;短截时注意留外芽,剪口距芽位置应合适,一般离芽10mm左右;修剪20mm以上的大枝剪口应涂防腐剂,可促进愈合和防止病虫雨水侵害。

(2)散苗、散露根苗应随掘、随运、随散苗、随栽植,尽量缩短根部暴露时间以利成活。散苗时应轻拿轻放,行道树散苗应顺路的方向放树苗,不得横放路上影响交通;散带土球树木,应注意保护土球完整,搬运土球时不得只搬树干,尽量少滚动土球。

(3)栽植前对露根苗的根系应进行修剪,将断根、劈裂根、感染病虫害根、过长的根剪去,剪口要平滑,带土球苗和灌木应将围拢树冠的草绳剪断,如图9-5-1所示。

图9-5-1 路旁绿化修剪

(4)栽植前应检查坑的大小、深度是否与根系、土球规格标准要求的坑径一致,不符时应修整。

(5)栽树时不得歪斜,应保持树木上下垂直,有树弯时应掌握树尖与根部在同一垂直线上。

(6)种植前的乔木和灌木应经监理单位检查认可。

(7)对裸根植物,先将表土放在坑底,其松散厚度约为150mm,随即撒布适量(视表土性质而定)有机肥,在肥料上覆盖50~100mm回填土层,使根系不接触肥料。随后将裸根植物放在树坑中央,以自然形态散开根系,所有折断或损坏的根系,应予截去,促使根部生长良好。

(8)栽行道、行列树应横平竖直,栽植时可每隔10株或20株按规定位置准确的栽上一株作为前后植树对齐的依据,然后再分别栽植。

(9)栽植较大规格的常绿树和高大乔木时应在栽植同时埋上支柱,支柱应埋深在0.3m以下,支柱应捆牢,并注意不应使支柱与树干直接接触以免磨伤树皮。立支柱方向应在下风口。

(10)在种植后应按图纸要求,对乔木或灌木浇水,并要浇透,半月之内,再浇透水2~3次。其后一般每周浇水一次,视气候情况而定,直到植物成活为止。

5.4 质量要求

5.4.1 地被植物应在当年成活。

5.4.2 花坛种植的一、二年生花卉及观叶植物，应在种植 15d 后进行验收；春季种植的宿根花卉、球根花卉，应在当年发芽出土后进行验收。秋季种植的应在第二年春季发芽出土后验收。

5.4.3 种植应按设计图纸要求核对苗木品种、规格及种植位置。

5.4.4 规则式种植应保持对称平衡，行道树或行列种植树木应在一条线上，相邻植株规格应合理搭配，高度、干径、树形近似，种植的树木应保持直立，不得倾斜，应注意观赏面的合理朝向。

5.4.5 种植绿篱的株行距应均匀。树形丰满的一面应向外，按苗木高度、树干大小搭配均匀。在苗圃修剪成型的绿篱，种植时应按造型拼栽，深浅一致。

5.4.6 种植材料的覆盖物、包装物等应及时进行清理，不得随意乱弃，避免造成环境污染。种植带土球树木时，不易腐烂的包装物应拆除。

5.4.7 珍贵树种应采取树冠喷雾、树干保湿和树根喷布生根激素等措施。

5.4.8 种植时，根系应舒展，填土应分层踏实，种植深度应与原种植线一致。

5.4.9 种植胸径 50mm 以上的乔木，应设支柱固定。支柱应牢固，绑扎树木处应夹垫物，绑扎后的树干应保持直立。

5.4.10 攀缘植物种植后，应根据植物生长需要，进行绑扎或牵引。

5.4.11 绿化工程质量验收应符合下列规定：花卉种植地应无杂草、无枯黄，各种花卉生长茂盛；草坪无杂草、无枯黄；绿地整洁，表面平整；种植的植物材料的整形修剪应符合设计要求。

5.4.12 不同部位绿化工程质量验收标准应按相关规范执行。